화와

여성

남영숙 지음

기후변화와 여성

발행일 | 2017년 8월 30일 1쇄 발행

저　자 | 남영숙
발행인 | 강학경
발행처 | ㈜시그마프레스
디자인 | 조은영
편　집 | 김경림

등록번호 | 제10-2642호
주소 | 서울특별시 영등포구 양평로 22길 21 선유도코오롱디지털타워 A401~403호
전자우편 | sigma@spress.co.kr
홈페이지 | http://www.sigmapress.co.kr
전화 | (02)323-4845, (02)2062-5184~8
팩스 | (02)323-4197
ISBN | 978-89-6866-975-0

이 도서의 국립중앙도서관 출판예정도서목록(CIP)은 서지정보유통지원시스템 홈페이지
(http://seoji.nl.go.kr)와 국가자료공동목록시스템(http://www.nl.go.kr/kolisnet)에서 이용하실
수 있습니다.(CIP제어번호 : CIP2017020010)

우리나라의 여성은 GII 지표상으로 봤을 때 세계적으로 남녀가 평등한 대우를 받는 나라로 평가받는다. 남녀 모두에게 동일한 교육의 기회가 제공되고 여성의 고등교육의 비율이 다른 나라에 비해 높은 편이며 교육공무원의 경우 여자의 비율이 남자의 비율을 압도적으로 높은 경우도 나타나고 있다.

그러나 우리나라 사회 안에서 여성에 대한 인식은 지표 결과 및 그를 근거로 한 분석과 일치하지 않는다. 현재 우리나라는 여전히 가사에 있어 여성이 담당하는 비중이 남성보다 훨씬 높고, 직장에서 비정규직으로 고용되어 있는 여성의 비율이 남성보다 많으며, 40대 이후의 여성의 임금은 남성의 절반 수준으로 나타나는 등 남녀가 평등한 대우를 받지 못한 결과가 계속적으로 조사되고 있다. 이러한 남성 중심의 사회문화가 강조되고 있는 우리나라에서 현재 지구촌의 가장 중요한 문제로 화두가 되는 기후변화를 여성의 관점에서 바라보고 여성이 기후변화에 대응하기 위한 방법을 모색하고 있는 이 책이 발간된다는 것은 매우 큰 의의를 지닌다.

그동안의 기후변화 관련 서적들이 인류로 대표되는 주도권을 가진 남성의 관점에서 기후변화의 원인과 영향을 찾고 있었다면, 이 책은 인류가 지속가능발전을 성취하기 위한 필수요소로서의 여성이 담당해야 할 역할과 그 중요성을 강조하고 있다. 따라서 이 책에 포함된 기후변화에 대응하기 위한 여성의 역할과 여성이 자신의 역할을 실행할 수 있는 리터러시를 갖추기 위한 다양한 교육적 제안들은 Post-2015에서 강조된 인류의 지속가능발전을 위한 목표들을 성취하는 데 효과적인 방안이 될 것으로 기대된다.

특별히 이 책을 쓴 남영숙 교수를 1990년대 초 한국환경정책평가원의 출범 당시부터 알게 된 이래, 남 교수의 30년 가까운 환경 분야에서의 다양한 연구와 활동을 빠짐없이 지켜보고 또 많은 일을 함께 해왔던 본인으로서는 기후변화와 여성의 역할에 대한 본 연구가 남 교수에게 매우 잘 어울리는 주제라고 생각하며, 그 내용도 그간의 경륜에 걸맞게 다양하고 깊이 있는 연구 활동의 성과가 잘 녹아 있어 일독을 강력히 추천하며 앞으로 이 분야 연구에 매우 알차고 의미 있는 좋은 디딤돌이 될 것으로 믿는다.

이규용 전 환경부 장관, 현 김앤장법률사무소 상임고문

현대는 인류가 지구에서 살아남기 위해 고민해야 할 시기이다. 지구 곳곳에서 지진, 해일, 홍수, 화산폭발 등의 자연재해가 일어나며 인류의 생존에 위협을 가하고 있다. 인류의 생존을 위협하는 문제 중 가장 시급히 대처해야 할 문제가 있다면 그것은 아마 지구온난화와 같은 기후변화 문제일 것이다. 기후변화의 문제는 다른 문제들과 다르게 인류의 활동을 통해 그 속도가 가속화되었다. 다시 보면 인류 문명의 발전이 인류의 멸망을 가져올 환경문제의 원인이 되었던 것이다.

지난 반세기 동안 인류는 자신들이 일으킨 멸망의 현상적인 문제들을 해결하기 위한 다양한 환경정책 및 신기술을 개발하였다. 이러한 노력을 통해 겉으로 굴뚝의 검은 연기가 사라졌고 썩어 냄새가 나던 도심의 천들은 도시인들에게 쉼의 공간으로 돌아오고 있다. 이처럼 인류가 환경문제들을 하나씩 해결해 가고 있음에도 불구하고 기후변화에 대하여는 적절한 해결 방안을 찾지 못하고 있다. 완전한 해결보다는 완화와 적응으로 인류의 생존 방법을 모색하고 있을 뿐이다.

이 책은 기후변화 대응 방안을 인류가 지속가능발전을 이루기 위해 가져야 할 삶의 태도라는 측면에서 접근하고 있다. 어쩌면 인류가 산업혁명 이후 가지고 있었던 혁신적인 문명의 발전이라는 욕심의 결과로 발생한 기후변화에 대해 가장 중요하고 효과적인 대응 방안은 이 책에서 제시하는 것과 같이 인류가 지속가능발전을 위한 삶의 양식을 형성하는 것일 수도 있겠다. 비록 이 책을 읽는 독자가 '여성'이 아닐지라도 그들에게 기후변화에 대한 관심을 일으키고 인류의 지속가능발전을 위한 행태를 형성하는 데 큰 도움이 될 것으로 기대한다.

유영숙 전 환경부 장관

이 연구에서는 현 인류가 대면한 전 지구적 환경문제인 기후변화climate change의 영향을 이해하고, 기후변화와 여성의 관계와 기후변화 대응을 위한 여성의 역할을 고찰하고자 한다. 이 연구의 핵심 키워즈는 21세기 인류 최대의 이슈가 되고 있는 '기후변화'와 인류 역사상 많이 논쟁되고 있는 '여성'이다. 다시 말하면, 이 연구는 '기후변화'라는 자연과학적 현상과 '여성'이라는 인문과학적 용어의 만남을 통한 융합을 시도한다.

기후변화는 사회, 경제, 문화 등 전 시스템에 영향을 미침으로써 인류의 생활문화 및 패턴 변화를 요구하는 21세기 최대 이슈이다. 기후변화는 빈곤·여성·불평등·환경 등 사회 전 분야에 걸쳐 광범위하고 결정적인 영향을 미칠 것으로 예상된다. 특히 여성은 기후변화 대응을 위하여 커다란 역할을 할 수 있는 주요한 주체이다. 이 두 영역의 융합에 대한 국제사회의 관심은 증대되어 왔다.

기후변화의 영향은 환경·사회·경제적 측면을 포함하는 인간생활 전반에 미치고 있다. 기후변화의 영향은 세계 전 지역, 전 인구에 걸쳐 나타날 것으로 예상된다. 특히 온실가스를 세계에서 여덟 번째로 많이 배출하며, 현재까지의 누적 배출량도 세계에서 스물세 번째로 많은 우리나라의 기후변화 속도는 세계 평균보다 두 배 이상 빠르며 이상기후 현상도 자주 나타나고 있다. 기후변화로 인해 나타나는 영향은 이제 우리 삶을 위협하는 실질적인 문제로서 이를 극복하기 위하여 범지구적으로는 물론 우리나라 사회 구성원 모두의 노력이 요구된다.

환경정의적 관점에서 보면 일반적으로 환경문제는 세대 간 형평성을 저해할 뿐만 아니라 세대 내 형평성을 저해한다. 세대 내 형평성에서 성별, 연령별, 계급/계층별, 지역별, 국가별로 환경영향이 다르게 나타나며 해당 환경문제에 대응할 수 있는 능력 또한 집단에 따라 다르게 나타난다. 특히, 환경문제는 기존의 사회·경제·정치적 불평등과 맞물려 사회·경제·정치적 약자들에게 더욱 심각한 영향을 미치며, 이들의 대응 능력 또한 상대적으로 약하기 때문에 기존의 불평등을 더욱 악화시키게 된다. 이와 같이 기후변화가 인간에게 미치는 영향의 정도는 지역은 물론 연령, 사회계층, 성별, 인종, 기후적응도 등에 따라 상이하게 나타난다는 점에서 문제의 심각성이 있다.

기후변화는 사회·경제·정치적 약자인 여성에게 더욱 가혹한 영향을 미치며, 여성의 기후변화 대응 능력이 남성에 비해 상대적으로 취약할 것으로 예상되는데, 특히 가난한 여성들은 그 어떤 집단보다 기후변화에 취약할 것으로 예상된다. 기후변화 대응을 위하여 성인지적 전략이 필요함을 알 수 있다. 이 연구는 인류가 대면한 전 지구적 환경문제인 기후변화의 영향을 이해하고, 기후변화와 여성의 관계를 밝히고, 기후변화 대응을 위한 여성의 역할을 제고하기 위하여 기후변화 대응을 위한 여성의 역량 강화 방안을 강구하였다. 이를 위하여 이 연구에서는 5개 주요 주제 영역을 다루었다.

첫째, 기후변화에 대한 이해와 기후변화 대응 방안을 다루면서 이 연구의 다른 주요 주제와 내용들을 이해하기 위한 기초를 제공할 것이다.

둘째, 여성의 정의 및 유형을 다루면서 여성의 취약성과 강점을 찾고자 하였으며, 이를 바탕으로 여성 역량 강화를 위하여 필요한 전제조건들이 무엇인가를 제시하고자 하였다.

셋째, 기후변화가 여성에게 미치는 영향과 여성이 기후변화에 미치는 영향을 분석하여 기후변화 대응을 위하여 여성이 무엇을 어떻게 할 수 있을 것인가에 대한 모색을 가능하게 할 것이다.

넷째, 기후변화에 대한 여성의 역할을 소비자, 교육자/학자, 정책결정자/실천가 등으로 구분하여 제시하였고 글로벌 롤 모델을 각각 발굴 제시하였다.

다섯째, 여성의 기후변화 대응 역량을 강화하는 방안을 강구하기 위하여 통섭적 접근, 교육적 접근, 정책제도적 접근, 지속가능발전 핵심역할 방안 등을 제시하고자 하였다.

이 책은 여성과 기후변화에 관한 내용의 글로서, 미래사회를 이끌어갈 여성들에게 바치고 싶다. 많은 사람이 '여성과 기후변화는 무슨 관계가 있는가'라고 반문할 수 있을 것이다. 이러한 주제를 다루게 된 이유는 필자의 20대 초반에 시작한 독일에서의 유학에서 비롯되었다. 필자가 유학을 떠났던 1980년대는 우리나라에 환경이나 기후변화 등에 대한 용어가 생소하거나 존재하지 않았던 시기였다. 어려서 잔병치레가 많았던 필자는 의학을 공부해서 사람들의 건강을 지켜주는 훌륭한 의사가 되겠다는 원대한 꿈을 안고 유학길에 올랐다.

그러나 대학 입학 전 대학교 내 외국인 유학생들을 위한 독일어학연구소에서 한 학기 동안 독일어를 배우는 중에 다루었던 교재 내용이 필자의 삶을 변화시켰고, 이후 인생의 나침반이 되었다. 그 교재의 대부분은 환경문제를 다루고 있었는데, 특히 공장 가동으로 인한 대기오염물질 배출로 인해 발생되는 여러 가지 현상들을 심도 있게 다루었다. 이와 같은 내용들은 필자가 서울에서 경험한 일들이 대기오염 현상으로 인한 것이었음을 깨닫게 되는 계기가 되었다.

이러한 환경오염 문제 외에도 개발도상국가에서의 여성의 열악한 삶의 현장과 착취, 특히 아프리카 여성의 열악한 자연환경과 관련된 혹독한 생활 모습에 관한 내용들은 가히 충격적이었다. 당시 독일은 독일연방경제협력청을 통하여 개발도상국가에 대한 환경보전 및 여성의 삶의 질 향상을 위한 프로그램을 다양하게 개발하여 지원하고 있었는데, 특히 사회적 약자로서의 여성에 대한 지원 방안이 활발하게 논의되고 있었다. 이를 보다 더 접할 수 있었던 계기가 있었는데, 그것은 연방경제협력청의 장학금을 받아 제3세계 또는 개발도상국가들의 환경문제를 탐구할 수 있는 기회가 필자에게 주어졌던 점이다. 이러한 것들이 필자도 여성으로서 다른 여성에 대한 관심을 갖게 하는 계기가 되었다.

환경과 여성이라는 2개의 화두는 귀국 이후 연구원과 대학 교수로서 활동하는 동안 풀어야 하는 과제로 필자에게 남게 되었다. 필자는 유학 후 바로 환경부 산하 정부출연기관에 재직하면서 다양한 여성환경단체들에서 여성운동가들의 자문 역할을 해주기도 하였으며, '여성과 환경'이라는 소고를 환경 관련 저널에 투고하기도 하였다. 지금은 고인이 된 문순홍 박사와 '한국의 여성환경운동' 집필에도 참여함으로써 꾸준히 여성과 환경이라는 주요 키워즈를 붙잡고 있었다.

이러한 노력이 헛되지 않도록 이 책을 발간할 기회를 준 한국연구재

단의 저술지원사업 지원에 심심한 감사를 표하고 싶다.[1]

이 책에서는 21세기 가장 큰 화두가 되고 있는 환경문제인 기후변화와 아직도 사회적 약자로 남아 있는 여성에 관한 내용을 다룬다. 이 책의 목적은 여성들의 기후변화에 대한 체계적 이해를 통해 기후소양을 함양시켜서, 기후변화에 대응하는 미래사회를 위한 여성의 역할을 모색하는데 있다.

많은 미래학자들은 21세기는 환경의 세기이며 기후변화를 해결하기위한 생존 노력을 할 때라고 강조한다. 이 책은 여성도 남성만큼 기후변화에 대한 책임을 느끼고 동참하여야 한다는 측면에서 다양한 여성의 역할을 다룬다. 아직도 많은 사람들이 기후변화에 대한 이해가 부족하고 미래사회의 위기관리에 대한 이해가 부족하다고 느낀다. 따라서 이 책은 여성뿐만 아니라 남성도 필독하고자 하는 책이 되길 바라고, 국내뿐만 아니라 외국에서도 유용하게 활용되는 책이 되길 바란다.

융합과학관에서

남영숙

---

1 "이 저서는 2012년 정부(교육부)의 재원으로 한국연구재단의 지원을 받아 수행된 연구임(NRF-2012S1A6A4021557)." "This work was supported by the National Research Foundation of Korea Grant funded by the Korean Government(NRF-2012S1A6A4021557)."

차례

제 1 장

21세기
환경 이슈

환경위기·에너지위기 시대

21세기는 환경위기 시대로 명명되고 있다. 이런 위기의 시대에 여러 환경문제들 중에도 특히 대기오염과 기후변화 등의 문제는 국경이 없을 뿐 아니라 지구상에서의 인류의 생존을 광범위하고 치명적으로 위협해 오고 있다.

최근 인도에서는 대기오염으로 인하여 매일 3,283명이 사망한다는 경악스러운 보도가 있었다. 우리가 주목할 점은 이러한 위험이 비단 인도 등의 저개발국가만의 문제가 아니라 영국 등 유럽 선진국도 예외가 아닌 문제라는 것이다. 세계보건기구WHO에 따르면 대기오염으로 매년 사망하는 사람은 전 세계 사망자의 12%에 해당하는 700만 명에 육박한다.

또한 우리나라 공기질 수준은 세계 180개 국가 중 173위로, 최하위권으로 분석하고 있다. 서울의 공기품질지수Air Quality Index[1]는 179위로, 인도 뉴델리(187위)에 이어 세계 주요 도시 중 두 번째로 대기오염이 심한 것으로 나타났다. OECD(2016)의 발표에 의하면, 우리나라가 대기오염에 제대로 대처하지 못할 경우 대기오염으로 인한 사망률이 2060년에는 OECD 회원국 가운데 최고가 될 것이라고 제시하고 있다. 대기오염에 따른 우리나라의 피해 규모는 연간 11조 8,000억 원으로 추산한 연구 결과도 제시되고 있다(배정환, 2017). 이는 미세먼지, 휘발성유기화합물 VOC, 질소산화물NOx, 황산화물SOx 등 대기오염물질 감소에 따른 사회적 편익을 보수적으로 책정해 산출된 금액이라는 것이다. 이와 같이 대기

---

[1] 공기품질지수(AQI)는 미국환경보호청이 발표하는 세계 지역별 대기지수이다. PM2.5, PM10, NO$_2$, O$_3$, CO, SO$_2$ 등 6개 대기오염물질별로 통합대기환경지수 점수를 산정한다.

오염은 국민의 건강을 해칠 뿐만 아니라 야외활동과 산업 생산에도 영향을 미쳐 여러 분야에서 직 · 간접적으로 광범위한 피해를 유발한다.

특히 미세먼지 문제는 더욱 심각해지고 있는데, 미세먼지는 사람의 눈에 보이지 않을 정도로 아주 가늘고 작은 먼지 입자로, 호흡 과정에서 폐 속에 들어가 폐의 기능을 저하시키고 면역 기능을 떨어뜨리는 등 폐질환을 유발하는 대기오염물질이다. 국립환경과학원과 환경부에 의하면, 미세먼지 PM10 농도가 120~200μg/m³의 경우 만성 천식을 유발할 확률이 10% 증가하고, 201~300μg/m³의 경우 급성 천식이 10% 증가하며, 미세먼지 PM2.5 농도가 36~50μg/m³의 경우 급성 폐질환이 10% 증가하고, 51~80μg/m³의 경우, 만성 천식이 10% 증가한다고 밝혀졌다.

환경재단과 일본 아사히글라스재단(2017)이 발표한 '2016 환경위기시계'에 따르면 우리나라의 환경위기시각은 9시 47분이다. 2015년 9시 19분에 비해 28분 늦어졌는데, 이는 환경문제가 악화되었음을 의미한다.[2] 환경위기시계는 전 세계 학계 · 시민단체 등 NGO, 지자체 · 기업의 환경정책 담당자 등 환경 전문가 및 종사자에 대한 설문을 바탕으로 환경파괴 위기를 시간으로 표시한 것이다. 2016년에는 143개국 1,882명이 조사에 참가했으며, 우리나라에서는 환경재단 주도로 각계 전문가 45명이 조사에 참여하였다. 그리고 응답자 중 38%가 환경위기시간을 정할 때 가장 심각한 문제로 기후변화를 지적하고 있다.

이와 같이 우리 사회에서 현재 벌어지고 있는 변화와 위기, 특히 환경

---

2 환경위기시계는 시간대별로 0~3시는 양호, 3~6시는 불안, 6~9시는 심각, 9~12시는 위험 수준을 가리키며 12시에 가까울수록 인류의 생존이 불가능함을 나타낸다.

과 관련된 변화와 위기에서 우리가 인식하여야 할 것은 이 변화와 위기가 가속화되고 있다는 것이다. 더욱 문제가 되는 것은 이러한 속도가 앞으로 점점 더 가속화될 것이라는 전망이다. 따라서 미래학자들은 '새로운 것의 수명은 점점 더 짧아지고 인류 전체 역사에서 겪었던 위기

그림 1-1 **환경위기시계(환경재단, 2017)**

나 기회는 앞으로 남은 21세기의 몇십 년 동안에 압축되어 다가올 것'이라고 예상한다. 그리고 '우리는 그 어느 세대보다 더 많은 위기, 더 복잡한 위기, 더 광범위한 위기, 더 새로운 위기들을 우리의 일생에 있어서 거의 대부분 겪어보게 될 것이고 그 위기들은 지난 것들과는 전혀 다른 방향으로 진행할 것'이라고 예상하였다(최윤식, 2015).

이러한 위기들은 광범위한 문제를 야기한다. 이로 인하여 전 지구적 인류의 생존을 위협하고 현 세대뿐만 아니라 미래세대 인간들의 삶까지도 위기에 처할 수 있음을 우리는 염두에 두어야 한다. 인류가 존재하기 위해서는 정치, 경제, 국방, 문화, 노동, 일자리, 복지, 보건의료 등등 모두 중요하다. 그러나 특히 우리에게 중요한 것은 환경문제가 아닌가 생각한다. 환경은 우리의 안전하고 행복한 삶을 위한 여러 조건 중에서도 가장 중요한 전제조건이 되는 것이다. 환경문제는 잘사느냐 못사느냐의

문제가 아니라 죽느냐 사느냐 하는 생존의 문제이기 때문이다.

환경의 세기

이렇듯 21세기는 환경위기, 에너지위기 시대로 불린다. 독일의 핵물리학자이면서 국제환경운동가, 사민당 연방의회 의원이었던 에른스트 울리히 폰 바이츠제커Ernst Ulrich von Weizsäcker는 1989년에 발간한 지구환경정치학Erdpolitik에 이어 1999년에 환경의 세기Das Jahrhundert der Umwelt를 발간하였다. 이 책에서는 21세기를 환경의 세기라고 정의한다. 과연 21세기는 환경의 세기가 될 것인가? 이 절에서는 폰 바이츠제커가 제시했던 논리를 중심으로 우리에게 주는 메시지가 무엇인가를 살펴보고자 한다.

20세기 후반기 50년 동안 인류는 경제 발전과 과학기술 발전에 힘입어서 25억의 인구가 60억으로 증가했으며 1인당 곡물 생산량은 연간 247kg에서 303kg으로 증가하였다. 인구 1인당 세계총생산GWP은 1950년의 2,502달러에서 2000년에는 7,102달러로 3배 정도 증가하였다(1999년 불변가격 기준). 이 기간 동안 연간 자동차 생산 대수는 800만 대 수준에서 4,000만 대 수준으로 무려 5배나 증가하였다. 이런 수치들만으로 본다면 일반 대중의 예상과는 달리 인류는 지난 반세기 동안 물질적으로 크게 풍요롭게 된 것이 사실이다.

이런 물질적 풍요에는 엄청난 대가가 따르는데 그것은 바로 우리가 사용하는 모든 상품과 서비스에는 눈에 보이지 않는 커다란 환경적 부담이 따르기 때문이다. 폰 바이츠제커는 이렇게 지적한다.

"생물종 감소와 파괴는 직·간접적으로 우리의 평범한 일상생활에서 기인하는 바가 크다. 우리가 이용하는 모든 상품과 서비스는 그것이 창조되는 과정에서 다른 물질을 소비하게 된다. 예컨대 우리가 사용하는 철 1톤을 생산하기 위해서는 1,000톤이나 되는 철광석을 채굴해서 그것을 운반하고 녹이고 정제해야 하는데 이 과정에서 막대한 에너지와 자원이 사용된다. 이처럼 모든 상품과 서비스의 산출에 사용되는 물질과 에너지의 양을 계산했더니 대체적으로 산업생산품 1톤의 생산에 사용되는 물질의 양이 평균 30톤에 달한다는 사실이 알려졌다. 한 여성의 손가락에 있는 금반지가 이런 방식으로 계산될 때 그 금반지의 무게는 온 가족이 모두 탈 수 있는 작은 버스의 무게보다 더 무겁다."

인간이 일상적인 생활을 유지할 때 요구되는 1인당 토지면적으로 환산한 것이 생태발자국 지수인데, 그는 유럽인의 경우 1인당 평균 3ha의 토지가 요구된다고 한다.[3] 국제생태발자국네트워크Global Footprint Network(2010)에 따르면, 우리나라의 생태발자국 지수는 1인당 4.87ha이다. 우리나라 적정 생태용량이 1인당 0.33ha인 것과 비교하면 14배가 넘는 소비 수준으로서 생태환경에 미치는 부담이 매우 큼을 알 수 있다.

바이츠제커는 만약 인류가 지금과 같은 방식의 낭비적인 물질생활을 계속하고자 한다면 환경위기는 21세기에 점점 더 가중될 것이라고 진단한다. 그러나 책에서 정작 그가 제시하고자 했던 것은 미래에 대한 우울

---

3 생태발자국은 인간이 지구에서 삶을 영위하기 위해 필요한 의식주, 에너지, 시설 등의 생산, 폐기물의 발생과 처리에 들어가는 비용을 개인 단위, 국가 단위, 지구 단위로 나타내는 방식이다. 생태발자국은 헥타아르(ha) 또는 지구의 개수로 수치화하는데, 그 수치가 클수록 지구에 해를 많이 끼친다는 의미이기 때문에 인간이 자연에 남긴 피해 지수로 이해할 수 있다.

한 전망만이 아니라 21세기의 비전과 희망의 대안들이다.

그는 미래 지향적인 새로운 경제 모델로 자원순환 경제를 제시한다. 우리가 자연에서 얻은 물질 재료들을 대부분 재사용하고 재활용해야 하며 그런 과정에서 생태적 효율성을 높여야 함을 강조한다. 그리고 '인수 4'와 '인수 10'이라는 새로운 개념을 제시한다. 인수 4란 상품과 서비스의 생산에 소요되는 원료와 에너지량을 현재의 4분의 1 수준으로, 인수 10은 10분의 1 수준으로 낮출 수 있다는 것을 의미한다. 그는 인수 4와 인수 10이 달성될 수 있는 경제체제가 바로 순환 경제이며 그런 순환 경제 시스템의 구축에 필요한 제반 기술이 이미 현실화되고 있다는 사실을 주지시킨다.

이는 자원 낭비적인 현재의 사회시스템을 자원순환형 사회시스템으로 변화시키기 위한 대안이라고 제시한다. 냉난방에너지의 사용을 획기적으로 절감할 수 있는 자연친화형 주택의 보급, 에너지효율적 도시와 주택단지의 설계, 1ℓ의 연료로 50km를 주행할 수 있는 연료절약형 자동차의 개발, 쓰레기 재활용, 브라질 쿠리치바에서 입증된 편리하고 효율적인 대중교통시스템의 확산, 환경파괴와 자연자원 낭비를 조장하는 기업과 상품에 대한 생태적 조세개혁 등등의 제안은 실현 가능하며 그 상당 부분은 **환경의 세기**가 발간된 지 20여 년이 지난 유럽과 일본, 미국 등지에서 이미 현실화되고 있으며, 우리나라에서도 자원순환기본법 제정 등의 노력을 이끌어내고 있다는 점에서 그는 미래사회를 주도하는 미래학자임을 알 수 있다.

21세기 환경의 시대에 우리는 과연 어떤 사회와 경제를 추구해야 하는가? 그리고 우리의 삶 자체는 어떻게 변화시켜야 할까? 이런 질문에 대해서 진지한 대답을 제시해 줄 수 있는 책이 바로 환경의 세기이다. 환경의 세기에 우리의 삶을 변화시키기 위해서 여성은 어떤 역할을 할 수 있을 것인가? 여성이 반드시 하여야 하는 일들은 무엇인가?

지속가능발전

지속가능발전의 개념

'지속가능발전sustainable development' 개념은 인구 증가와 경제 성장 속에 파생되는 전 지구적인 문제 해결을 위해 자연과 공존하면서 풍요로운 삶을 누리고자 하는 의지에서 비롯되었다. 지속가능발전이란 용어가 공식적으로 처음 널리 알려진 것은 1987년 UN에 의해 구성된 '환경과 개발에 관한 세계위원회World Commission on Environment and Development, WCED'의 '우리 공동의 미래Our Common Future' 보고서에서 언급되면서부터이다. 이 보고서에서 '지속가능발전이란 미래세대가 그들의 필요를 충족시킬 능력을 저해하지 않으면서 현세대의 필요를 충족시키는 방식'으로 정의하였고, 이 개념이 현재도 폭넓게 쓰이고 있다.

1992년 브라질 리우에서 열린 유엔환경개발회의UNCED에서는 '지속가능발전'을 실현하기 위한 원칙인 '리우 선언'과 리우 선언 이행을 위한 실천지침으로 '의제 21'을 채택하였다. 리우 선언은 21세기 지구환경보전을 위한 기본원칙을 천명하고 있는데 '환경적으로 건전하며 지속가능한 발전Environmentally Sound and Sustainable Development, ESSD'의 원칙이 바로 그것이다. 보통 이 원칙을 줄여서 '지속가능발전'의 원칙이라고 부르기도 한다(이정전, 1995). 이후에는 지속가능발전의 개념이 '현재 및 미래 세대의

개발에 대한 필요와 환경적 필요가 동등하게 충족되는 것'으로 논의됨
으로써 개발과 환경의 조화를 강조하는 개념으로 나타나게 되었다. 이
개념은 우리의 미래세대도 최소한 우리 세대만큼 삶의 질을 누릴 수 있
도록 담보하는 범위 안에서 우리에게 주어진 자연환경을 이용해야 함을
의미한다.

　2002년에는 남아프리카공화국의 요하네스버그에서 지속가능발전에
관한 세계정상회의World Summit on Sustainable Development, WSSD가 개최되었다. 이
회의에서는 지속가능발전의 주요 요소가 '경제, 환경, 사회'라는 세 가
지 축이라는 데 대해 합의가 이루어졌다. 보다 구체적으로 표현하자면
경제 성장economic growth과 환경보호environmental protection, 사회정의social justice의
세 차원을 두루 균형적으로 고려하는 것이 지속가능발전이라는 것이다.

그림 1-2　지속가능발전의 3개 축

경제와 환경만이 아니라 사회적 요소가 지속가능발전의 주요 요소로 인식된 것이다. 부의 형평성 있는 배분 없이는 환경보전 또한 이루어질 수 없을 뿐 아니라 환경보전을 위한 비용이 사회적으로 형평성 있게 부담되어야 한다는 사실에 주목하게 된 것이다.

▶ 표 1-1 지속가능발전에 대한 국제적 논의 과정

연도	단체 및 회의	지속가능발전과 관련된 내용
1972	로마클럽	• '성장의 한계' 발표
1972	스톡홀름 유엔인간환경회의UNCHE	• 유엔인간환경선언과 행동계획 발표 • 환경과 개발에 대한 유엔의 관심과 행동의 출발
1980	국제자연보전연맹회의IUCN	• 세계보전전략 발표, ESSD 용어 처음 사용
1982	유엔환경계획UNEP	• '나이로비 선언' 채택 • '환경과 개발에 관한 세계위원회' 설치
1987	환경과 개발에 관한 세계위원회	• '우리 공동의 미래' 발표 • 학술적 용어인 지속가능성을 국제 무대로 공론화하고 지속가능성 개념을 확대
1992	환경과 개발에 관한 유엔회의UNCED	• '리우 선언', 'ESSD 원칙' 천명, 의제 21 실천지침 발표
2002	지속가능발전을 위한 세계정상회의WSSD	• 지속가능발전을 실천하기 위한 세계 공동의 노력 재확인 • 경제 성장, 환경보전, 사회복지의 조화를 추구하는 새로운 국제적 지속가능발전 전략에 관한 기본 방향 제시
2012	지속가능발전을 위한 유엔회의UNCSD	• 녹색경제와 지속가능발전을 위한 세계기구 설립 논의 • 녹색경제의 지속가능발전과 빈곤 퇴치가 주된 논쟁 주제

출처 : 유네스코 한국위원회(2007)를 재수정.

이러한 논의를 거치면서 지속가능발전을 환경뿐만 아니라 사회 전체의 지속가능성 유지와 관련된 것으로 폭넓게 해석하는 경향이 점점 확대되고 있다. 나아가 자유, 정의, 민주주의와 같이 인류가 궁극적으로 지향해야 할, 사회 전체를 관통하는 이념으로 폭넓게 이해되기도 한다(유네스코한국위원회, 2007).

　표 1-1에 나타난 바와 같이, 지속가능발전이라는 개념은 고정된 것이 아니라 끊임없이 변화하는 특성을 가지고 있음을 알 수 있다. 지속가능발전 개념이 도입된 초기에는 지속가능발전이란 환경용량을 초과하지 않는 범위 내에서의 발전을 의미했다. 이는 개발과 환경의 조화를 강조하기보다는 제한된 환경의 범위 내에서의 개발을 의미하였기 때문에 개발보다는 환경보전을 우선적으로 고려해야 한다는 의미로 해석되었다.

　지속가능발전은 모든 사람들이 원하는 방식으로 해석할 여지를 두는데 이는 이 개념이 갖는 장점이 되는 한편 경우에 따라서는 원래의 의미와 다른 방식으로 사용될 여지도 있다(Pearce et al., 1989). 이에 대한 대안으로, 지속가능발전이라는 개념이 갖는 경제적 성장, 사회적 형평성, 환경적 지속성 간의 갈등에 집중하는 것이 아니라, 브룬트란트 보고서가 애초에 지속가능발전의 목적이라고 주장한 인간의 필요와 환경에 초점을 맞추어 '지속가능성sustainability'이나 '지속가능한 삶sustainable livelihoods' 또는 '지속가능한 사회'나 '지속가능한 세계' 등의 사용을 제시하는 경우도 있다(Wals, 2007; Workshop on Urban Sustainability, 2000; O'Connor, 1994).

지속가능발전의 원칙

지속가능발전은 환경적·경제적·사회적 측면을 포함하고 있는 개념이다. 지속가능발전을 위해서는 환경, 사회, 경제 중 어느 영역 혹은 공통 영역에서 발생하는 문제이든 간에 적용할 수 있는 공통의 원칙이 필요하다. 허튼Haughton(1999)은 지속가능발전의 형평성 원칙equity principles을 세대 간 형평성, 세대 내 형평성, 지리적 형평성, 절차적 형평성, 생태적 형평성으로 제시하였다

지속가능발전을 형평성의 원칙에 기반해서 접근하게 되면 비용과 편익이 현세대 내에서 그리고 미래세대에게도 공평하게 나누어지는지에 대해, 모든 사람들이 의사결정에 공평하게 접근할 수 있는지, 의사결정자들이 책임감을 갖고 자신이 결정하는 것으로 인해 발생될 수 있는 영향을 이해하고 있는지, 생물다양성을 증진시키는 방향의 사업인지 등의 질문에 답할 수 있게 된다.

지속가능발전은 기술적 발전을 의미하거나 비용편익분석의 개선만을 의미하지는 않는다. 지속가능발전은 우리가 세계를 어떻게 바라보는지에 대한 관점의 변화를 요구한다. 인간은 환경과 사회 안에서 복잡하게 얽힌 그물에 속해 있다. 우리의 행동이 이에 영향을 미치지 않는다고 생각할 수 없다. 지속가능발전은 인간의 삶과 우리가 사는 세계를 통합적으로 바라보고 형평성 원칙에 기반을 둔 개념이라고 볼 수 있다.

이와 같이 지속가능발전에 대한 논의는 국제사회에서 시작되었지만, 지속가능발전과 지속가능발전교육은 각 나라와 지역의 상황에 맞게 해석하고 적용할 필요가 있다(Thaman, 2002). 이를 위해서는 지속가능발

전을 어떻게 바라볼 것인지에 대해 이해하는 것이 필요한데, 표 1-2는 지속가능발전을 바라보는 다양한 관점과 그 의미를 제시하고 있다. 각각의 관점이 갖는 지속가능발전의 의미는 누가, 어떻게 지속가능발전을 이룰 것인지와 긴밀하게 연결되어 있다.

▶ 표 1-2 **지속가능발전의 관점과 의미**

지속가능발전의 관점	지속가능발전의 의미
구분적 관점	• 지속가능발전은 끊임없이 상호작용하는 환경-사회-경제의 영역으로 구성 • 지속가능발전은 구분된 영역(환경, 사회, 경제)의 목적을 달성하기 위한 정치적 합의 과정
기술 중심적 관점	• 지속가능발전을 구성하는 각 영역에서 전문가들이 해당 영역의 지속가능성을 추구하면 지속가능발전이 달성됨 • 예를 들어, 경제학자들은 경제적 지속가능성을, 환경학자들은 환경적 지속가능성을 증진시킴
실천과제 중심적 관점	• 사회적 실천 : 지속가능발전의 핵심요인으로서의 사회의 변화 • 환경적 실천 : 환경친화적 행동을 하도록 하는 것 • 교육적 실천 : 교육 그 자체가 목적
세계화 관점	• 세계화된 자본주의가 이윤을 추구하는 과정에서 문화적 다양성이 파괴되고 전통적 공동체를 약화시킴 • 지속가능발전은 다양성과 전통 공동체를 유지하는 것
은유적 관점	• 지속가능발전은 약육강식의 자연관Nature 'red in tooth and claw'과 상호의존적 자연관Nature 'web of life' 간의 긴장과 균형을 추구하는 것
실용적 관점	• 지속가능발전 관련 업무(환경관리, 녹색구매, 폐기물 감축)를 수행하는 사람들의 업무 수행이 문제

출처 : Gough & Scott(2006).

SDGs와 미래사회

2000년 9월에 개최된 유엔 밀레니엄 서밋UN millenium summit에서는 2015년까지 빈곤 퇴치를 목표로 한 범세계적인 의제인 새천년 선언문을 채택하고 8개의 세부목표가 포함된 새천년개발목표Millennium Development Goals, MDGs를 발표했다. 당시에 참가했던 191개의 유엔 참여국은 2015년까지 빈곤의 감소, 보건, 교육의 개선, 환경보호에 관해 지정된 여덟 가지 목

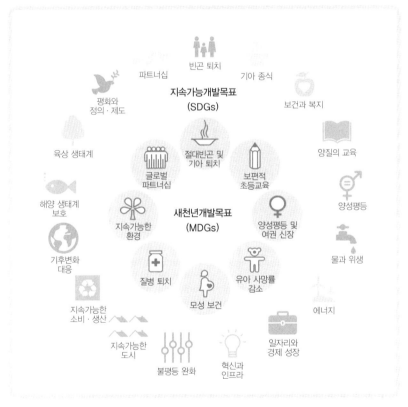

그림 1-3 MDGs와 SDGs의 목표 비교
출처 : 지속가능발전포털(2017).

표를 실천하는 것에 동의하였다. 주요 내용으로 ① 극심한 빈곤과 기아 퇴치, ② 초등교육의 완전보급, ③ 성평등 촉진과 여권 신장, ④ 유아 사망률 감소, ⑤ 임산부의 건강 개선, ⑥ 에이즈와 말라리아 등의 질병과의 전쟁, ⑦ 환경적 지속가능성 보장, ⑧ 발전을 위한 전 세계적인 동반관계의 구축을 들 수 있다.

MDGs는 이와 같이 빈곤, 기아, 질병, 성불평등의 퇴치와 물과 위생 시설에 대한 접근을 포함한 문제들을 제기하였고 이를 통해 많은 성과를 도출하였다. 그러나 이러한 MDGs에도 불구하고 빈곤 문제는 해결되지 않았다. 이에 UN에서는 2000년부터 2015년까지 시행된 새천년개발목표MDGs를 종료하고 Post MDGs로서 2016~2030년을 위한 지속가능개발목표SDGs를 새로이 설정하였다.

SDGs는 2015년 9월 28일 유엔총회에서 193개국 정상들의 서명으로 발효되었는데 MDGs의 결과를 반영하여 만들어졌으며 MDGs의 실행 과정 중에 나타난 사회 발전과 환경 지속성, 경제 성장 간의 불균형을 해소하고자 하였다. 또한 MDGs에서 다루지 못한 영역들에 대하여 구체적인 목표를 제시함으로써 단순히 인간의 빈곤과 건강, 기초교육의 제공 등 최빈국과 개발도상국의 주요 문제를 해결하기 위한 목표에서 인류 모두가 지속가능한 미래를 가지기 위한 삶의 태도와 역량, 정치, 사회, 그리고 지역 균형적 발전 방안을 제시하였다.

SDGs는 과거의 성장 위주의 개발로 인하여 발생된 불평등, 환경파괴 등의 문제를 해결하기 위한 목적을 갖고 있다. 경제 · 사회 · 환경 전 분야를 포괄하고 있으며, 선진국과 개발도상국 모두에 적용되어 모든 이해당사자들의 협력을 통해 이행해야 하는 보편적인 목표들과 과감하고 혁신적인 세부 이행과제들을 포함하고 있다.

　SDGs는 6개 핵심요소인 존엄성dignity, 번영prosperity, 정의justice, 파트너 십partnership, 지구환경planet, 인간 중심people 요소를 바탕으로 하여 빈곤, 질 병, 교육, 여성, 아동, 난민, 분쟁 등 인류의 보편적인 문제와 기후변화, 에너지, 환경오염, 물, 생물다양성 등의 지구환경문제, 기술, 주거, 노 사, 고용, 생산소비, 사회구조, 법, 대내외 경제 등의 경제사회 문제에 대한 17개의 주목표와 169개 세부목표로 이루어져 있다(표 1-3).

　SDGs는 21세기의 인류와 지구를 위하여 15년 동안 실천해야 할 글로 벌 행동을 제시하는 것이다. 이는 모든 인간이 번영하고 성숙한 삶을 누 리며, 경제적·사회적·기술적 진보가 자연과 조화롭게 이루어지도록 보장하기 위한 조치라고 할 수 있다. SDGs의 이행을 통해 인류는 2030 년까지 지구의 모든 곳에서 빈곤과 굶주림을 종식시키고 국가 간의 불 평등을 퇴치하며 평화롭고 포괄적인 사회건설을 목표로 한다. 그리고 양성평등을 통해 여성과 소녀들에게 권한을 부여하도록 촉진하고 인권 이 보호받을 수 있도록 한다. 또한 최빈국과 개발도상국의 발전 역량을 고려하여 그들이 환경, 사회, 경제의 영역에서 지속적인 성장을 이루고 번영과 양질의 노동이 이루어질 수 있는 조건을 조성할 수 있도록 국제 적인 협력을 하게 한다. 이와 같은 과정을 통해 SDGs는 모든 국가와 민 족, 그리고 모든 사회에 속해 있는 사람들에 대한 존엄성을 보장함으로 써 모든 인류가 지구의 지속가능한 미래를 향한 위대한 여행을 함께 떠 나도록 하는 데 궁극적인 목표를 두고 있다. 유엔이 생각하는 지속가능 한 세상은 빈곤, 굶주림, 질병 및 결핍이 없이 모두가 번영할 수 있는 세 상이고, 두려움과 폭력으로부터 해방된 세상이다. 또한 모든 이가 일반

▶ 표 1-3 SDGs 세부목표와 내용

지속가능개발목표SDGs	내용
목표 1. 빈곤 퇴치	모든 곳에서 모든 형태의 빈곤 종식
목표 2. 기아 종식	기아 종식, 식량 안보 달성, 개선된 영양상태의 달성, 지속가능한 농업 강화
목표 3. 건강과 웰빙	모두를 위한 전 연령층의 건강한 삶 보장과 웰빙 증진
목표 4. 양질의 교육	모두를 위한 포용적이고 공평한 양질의 교육 보장 및 평생학습 기회 증진
목표 5. 성평등	성평등의 달성과 모든 여성 및 여아의 자력화
목표 6. 깨끗한 물과 위생	모두를 위한 물과 위생설비에 대해 가용성과 지속가능한 유지관리 보장
목표 7. 모두를 위한 깨끗한 에너지	모두를 위한 적정가격의 신뢰할 수 있는 신재생에너지의 접근 보장
목표 8. 양질의 일자리와 경제 성장	모두를 위한 지속적·포용적·지속가능한 경제 성장, 완전고용과 양질의 일자리 증진
목표 9. 산업, 혁신 그리고 사회기반시설	복원력 높은 사회기반시설을 구축하고, 포용적이고 지속가능한 산업화 증진 및 혁신 장려
목표 10. 불평등 감소	국내 및 국가 간 불평등 감소
목표 11. 지속가능한 도시와 공동체	도시와 주거지를 안전하고 지속가능하게 보장
목표 12. 지속가능한 생산과 소비	지속가능한 소비와 생산양식 보장
목표 13. 기후변화와 대응	기후변화와 그로 인한 영향에 긴급 대응
목표 14. 해양 생태계 보호	대양, 해양, 심해 자원의 보존과 지속가능한 사용
목표 15. 육상 생태계 보호	삼림 관리, 사막화 방지, 토지황폐화 중지 및 복구 등을 통한 지속가능한 육상 생태계 보호
목표 16. 정의, 평화 그리고 효과적인 제도	평화롭고 포용적인 사회 증진 및 모두를 위한 정의에의 접근, 모든 수준에서 효과적인 책임성 있는 제도 구축
목표 17. 지구촌 협력	실행 수단 강화와 지속가능발전을 위한 글로벌 파트너십의 활성화

출처 : Sustainable Development Knowledge Platform(2017).

적인 수준의 문해력을 가지고 있고 양질의 교육을 평등하게 받을 수 있으며, 안전한 식수를 마실 수 있고 충분하고 안전하고 영양가 있는 음식을 저렴하게 얻을 수 있는 세상이다. 그리고 안전하고 탄력이 있는 지속가능한 거주지에서 저렴하고 안정적으로 지속가능한 에너지를 공급받을 수 있으며 인종·민족 및 문화의 다양성이 존중받을 수 있는 세계이다. 이곳에서 인간은 자신의 잠재력을 완전히 실현하고 인류의 공동번영에 기여할 수 있는 평등한 기회를 제공받으며 가장 취약한 계층의 사람들의 욕구마저도 충족될 것이다. 이러한 유토피아로서의 지속가능한 세계가 유엔이 상상하는 여행의 목적지이자 SDGs를 통해 인류가 나아가야 할 방향이라 할 수 있겠다.

제 2 장

기후변화의 이해

이 장에서는 이 연구의 다른 주제들을 이해하기 위한 기초를 제공하기 위하여 기후변화에 대한 개념, 현상, 원인 및 영향, 대응 방안 등을 다룬다.

기후변화의 정의 및 개념

기후변화란 현재의 기후계가 점차 변화하는 것을 말한다. 1992년 체결된 유엔기후변화협약(1992) 제1조에서는 기후변화를 '전 지구 대기의 조성을 변화시키는 인간의 활동이 직접적 또는 간접적으로 원인이 되어 일어나고 충분한 기간 동안 관측된 자연적인 기후변동성에 추가하여 일어나는 기후변화'로 정의함으로써 인간 활동에 의해 야기되는 기후변화climate change와 자연적 원인에 의해 야기되는 기후변동성climate variability으로 구분하고 있다.

즉, 기후변화는 전 지구적 규모의 기후 또는 지역적 기후의 시간에 따른 변화를 의미한다. 기후변화는 짧게는 수년에서부터 길게는 수백만 년의 기간 동안 대기의 평균적인 상태 변화를 의미한다. 세계기상기구 WMO는 기후 평균 산출기간을 30년으로 정하고 있으며, 온도, 강수, 바람, 습도 등을 포함하는 개념으로 제시하고 있다. 최근에는 대기뿐만 아니라 해양, 빙하, 지표면, 생태계 등에 나타난 변화도 기후변화에 포함되고 있다(권원태, 2012).

일반적으로 기후를 나타내는 기본적인 물리량을 기후요소라고 일컫는데, 기온, 습도, 강수, 구름, 바람 등이 기후요소에 해당된다. 이 중 자연환경 변화에 직접적으로 커다란 영향을 주는 요소가 기온과 강수량이다.

지구의 기후시스템은 대기권atmosphere, 수권hydrosphere, 빙권cryosphere, 생물권biopshere, 지권lithosphere 등으로 구성되어 있는데, 이 5개의 시스템들은 서로 매우 밀접하게 연관되어 있으며, 권역 간의 상호작용이 매우 복잡한 시스템의 특성을 나타내고 있다.

기후변화는 산업혁명 이후 화석연료의 사용, 산림 벌채 및 사막화로 인한 녹지파괴, 안정성이 검증되지 않은 신新가스 개발 · 배출 등 산업화 과정에서 인류의 편의를 위해 이루어진 다양한 사회경제적 활동과 그 결과물로 인해 가속화되고 있다.

현재 기후변화의 주요한 현상으로 제시되는 지구온난화는 인간의 직 · 간접적 행위로 인해 지구 대기에 온실효과를 일으키는 기존의 가스 비중이 높아지거나 새로운 가스가 추가되면서 급격히 이루어지고 있다. 온실효과를 일으키는 가스로는 이산화탄소CO_2, 메탄CH_4, 아산화질소N_2O, 수소불화탄소HFCs, 과불화탄소PFCs, 육불화황SF_6 등이 제시된다. 이러한 온실가스는 이산화탄소, 아산화질소, 메탄, 오존O_3 등의 직접 온실가스와 일산화탄소, 질소가스, 비메탄 휘발성 유기물질의 간접 온실가스로 구분할 수 있다.

이 같은 온실가스들은 과거 산업화 과정에서 공장, 발전소 등을 통해 많이 발생하였지만 현재는 인간의 일상생활에서 이루어지는 다양한 활동 속에서 발생하는 경우가 많다. 온실가스의 종류에 따라 지구온난화에 기여하는 정도가 다르며 일반적으로 이산화탄소가 지구온난화에 미치는 영향을 기준으로 각 가스별 기여도를 측정하는데 이를 지구온난화 지수Global Warming Potentials, GWP라 한다. 현재 각 국가에서는 온실가스 배출량을 산정하기 위하여 가스별 지구온난화 지수를 활용하는데, 이는

온실가스	지구온난화 지수	주요 발생원/사용처
이산화탄소	1	에너지 사용
메탄	21	폐기물, 농업, 축산
아산화질소	310	산업공정, 비료 사용
수소불화탄소	140~11,700	에어컨 냉매, 스프레이 제품 분사제
과불화탄소	6,500~9,200	반도체 세정용
육불화황	23,900	전기절연용

출처 : IPCC(1996), Guidelines for National Greenhouse Inventories.

각 가스의 배출량을 이산화탄소의 단위(톤)로 변환하여 계산하는 방식이다. 지구온난화 지수의 기준이 되는 이산화탄소는 지구온난화 지수가 낮아 지구온난화에 미치는 영향이 적을 것으로 보일 수 있으나, 그 배출량이 다른 온실가스에 비해 월등히 많으므로 지구온난화의 주범으로 지목받고 있다.

온실가스별로 지구온난화에 미치는 영향을 나타낸 지구온난화 지수와 온실가스별 발생원 및 사용처의 자세한 내용은 표 2-1과 같다.

기후변화의 원인과 영향

기후변화의 원인

기후변화의 원인은 자연적인 원인과 인위적인 요인으로 구분할 수 있다. 자연적 요인에 의하여 야기되는 기후변화는 기후시스템을 이루는 기후요소 자체 또는 요소 간의 상호작용에 의하여 발생한다. 자연적 요인 중 대표적인 것으로는 화산분출에 의한 에어로졸 증가, 태양 활동의 변화에 의한 태양에너지의 변화, 태양과 지구의 천문학적인 상대 위치의 변동, 지구 판구조의 움직임에 따른 해류의 변화 등을 들 수 있다(최재천, 최용상, 2010).

이러한 자연적인 요인 외에 인위적인 요인에 의해 기후변화가 가속화되고 있다. 인위적인 요인이란 인간 활동에 의한 것으로서, 전의찬 등(2012)은 20세기 후반에 나타난 지구온난화는 근본적으로 인간에 의해 배출된 온실가스, 즉 인위적 요인에 의한 온실효과임을 제시하고 있다. 또한 IPCC의 5차 기후변화 보고서에 따르면 경제 및 인구 성장이 주원인이 되어 나타난 산업화 시대 이전부터 인위적 온실가스 배출량은 계속 증가해 왔고 현재 가장 높은 수준을 보이고 있으며 이산화탄소, 메탄, 아산화질소의 대기 중 농도는 인위적 배출로 인해 지난 80만 년 내 최고 수준에 도달하였다.

이와 같은 인위적 온실가스의 배출뿐만 아니라 도시화와 산업화 과정

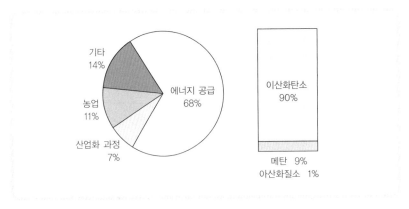

그림 2-1 인위적인 세계 온실가스 배출량 비중(2010년)

출처 : IEA(2015), Key Trends in CO$_2$ Emissions.

에서의 녹지 잠식이나 산림채취 등으로 인한 토지 이용의 변화, 극지방 의 설빙 면적의 변화, 대륙 이동 및 조산운동에 의한 해륙 분포의 변화 및 인간 활동에 의한 삼림파괴와 댐 건설 등에 의한 지표면의 변화 역시 지표면의 태양 방사선에 대한 반사율을 변화시키는 것을 통해 기후변화 를 야기한다.

기후변화의 가장 주요한 원인인 이산화탄소는 화석에너지 사용에 의해 발생되고 있는데, 온실기체의 76.7% 정도로 배출 비중이 높고

IPCC(2007), 에너지 소비로부터 발생해서 줄이기가 쉽지 않으며 대기에 체류하는 기간이 길어 복사강제력이 커서 지구온난화를 유발하는 정도가 크다.

기후변화에 대처하는 가장 근본적인 방법은 탄소의 배출을 줄이는 것으로서, 에너지 사용을 감소시키는 것이 가장 중요하다. 그럼에도 불구하고 에너지 사용의 증가는 에너지 과소비적인 행태를 지속시킴으로써 저탄소 사회로의 변화를 어렵게 한다. 재생가능에너지 개발 등 대체에너지 개발도 중요하지만 에너지 효율성 제고와 에너지 절약이 더욱 중요하고 가장 효과적인 정책이라는 인식이 세계적으로 확산되고 있다.

지금까지 인류가 누려왔던 에너지 및 재화의 과소비 문화를 고치지 않는다면 기후변화 완화의 노력은 결코 그 성과를 얻을 수 없을 것이다. 지금과 같이 소비의 규모가 지속적으로 증가한다면 아무리 GDP 단위당 이산화탄소 배출량으로 나타내는 생태효율성이 높아진다 하더라도 이산화탄소 배출 자체는 줄어들기 힘들다. 기후변화에 따른 피해를 최소화하고 새로운 기회를 창출하기 위해서는 산업 방식의 변화는 물론, 교통체계 개선 및 소비생활 패턴의 전환이 필수적으로 요구된다.

기후변화의 환경적 영향

기후변화는 우리에게 직접적인 영향을 주는, 눈에 보이는 영향뿐만 아니라 눈에 보이지 않는 환경, 경제, 사회 등 다양한 분야에 영향을 미치고 있다.

기후변화로 인한 환경적 영향은 세계적으로 빈번히 발생하고 있는 빙하 감소, 홍수, 가뭄, 해수면 상승 등의 이상기후 현상을 의미한다. 이상

온실가스 배출량

전 지구적 온실가스 배출량은 일부 개도국 및 최빈국의 배출 통계가 집계되지 않아 정확히 산정하는 데 한계가 있다. 연료 연소에 의한 2013년의 세계 이산화탄소 배출량은 2012년 대비 2.2% 증가한 약 322억 이산화탄소환산톤에 이르렀으며 증가율은 둔화되고 있다. 2013년의 이산화탄소 배출 증가율(2.2%)은 2012년 증가율(0.6%)보다는 높지만 2000년 이후의 증가율(2.5%)에 비하면 낮은 수준이라 할 수 있다.

2013년 세계 이산화탄소 배출량으로 보면, 최다 배출국은 중국 (세계 배출량의 28%)이고 그다음으로 미국(16%)이 인도, 러시아, 일본, 독일, 한국, 캐나다, 이란, 사우디 순이다. 이들 10개국의 배

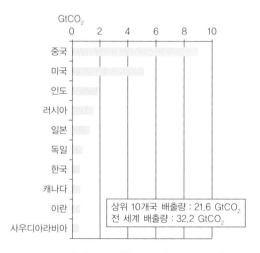

그림 2-2 온실가스 배출 상위권 국가의 배출량

출처 : IEA(2015), CO$_2$ Emissions from Fuel Combustion.

배출량(100만 이산화탄소환산톤)

증감률(%)

그림 2-3 국가 온실가스 총배출량 및 증감률

출처 : 2016 국가 온실가스 인벤토리 보고서, 통계청.

출량은 216억 이산화탄소환산톤으로, 세계 배출량의 67%를 차지하였다(노동운, 2016).

우리나라 온실가스 총배출량은 2014년 6억 9,060만 이산화탄소환산톤이며, 지속적인 경제 성장으로 2005년 대비 23.7% 증가한 것으로 분석하고 있다. 그러나 2014년 온실가스 배출량은 2013년의 6억 9,650만 이산화탄소환산톤에서 처음으로 감소(-0.8%)한 것으로 나타났다는 데서 그 의의를 찾을 수 있겠다.

OECD가 2016년 파리에서 발표한 환경성과평가 보고서에 따르면 우리나라의 기후변화에 영향을 끼치는 GDP 단위당 온실가스 배출량은 세계 7위로 이는 미국이나 일본보다 높은 순위이다.

더욱이 2000년부터 2012년까지의 기간 동안 온실가스 증가율은 터키 다음으로 높게 나타났는데 이는 덴마크나 벨기에, 헝가리 등이 20%의 감소율을 보이는 등 많은 선진국들에서 온실가스 감소율이

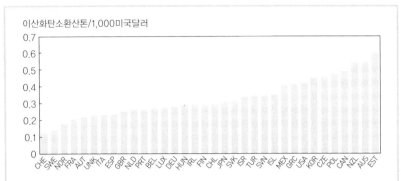

이산화탄소환산톤/1,000미국달러

그림 2-4 GDP별 온실가스 배출량

출처 : OECD(2016). OECD Environmental Performance Reviews FRANCE 2016.

두드러지게 나타나고 있는 것과 반대되는 결과라고 할 수 있다. 앞
에서 언급한 것처럼 우리나라 역시 2013년을 기점으로 온실가스 배
출량의 감소가 나타나고 있으나 세계적인 노력에 따라가기 위해서
는 더 많은 노력이 필요하다.

　최근, 기후변화에 대응하는 노력을 평가하는 기후변화 대응 지수
는 세계 최하위권인 것으로 드러났다. 유럽 기후행동네트워크CAN

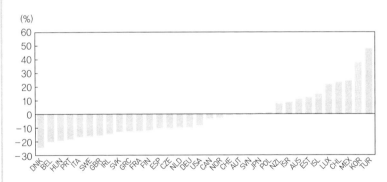

(%)

그림 2-5 2000~2012년 온실가스 배출량 증감률

출처 : OECD(2016). OECD Environmental Performance Reviews FRANCE 2016.

Europe와 독일 민간연구소 저먼워치German Watch에 따르면, '기후변화 대응 지수CCPI 2016'에서 우리나라는 37.64점으로, 조사대상 58개국 중 54위를 기록했다. 이는 2010년 31위에서 5년 만에 23단계나 추락한 것으로 분석된다.[1] CCPI는 온실가스 배출 수준, 온실가스 배출량 변화추이, 재생에너지, 에너지효율, 기후보호정책 등의 지표를 포함한다.

기후 현상의 원인으로 제시되고 있는 과학적 근거들이 지구온난화에 미치는 직·간접적인 영향의 범위에 대하여는 논란이 진행되고 있으나, 북극 및 남극지대의 기온 상승과 그로 인한 빙하의 감소, 세계 각 지역의 홍수, 가뭄 및 해수면 상승 등의 이상기후 현상의 결과로서의 자연재해는 이미 현실에서 일어나고 있다.

지난 20세기 동안 북극지대 대기온도는 약 5℃ 높아졌고 이로 인해 빙하 감소, 극지방 호수의 피빙기간 감소 등의 현상이 지금도 세계적으로 나타나고 있다. 그 예로서 북극 지역에 있는 거의 모든 산지 빙하는 지난 20세기 동안 감소하여 북반구 극지방에서는 1960년대 이후로 눈 두께가 10%나 감소한 것으로 나타났다. 특히 스위스의 산지 빙하 역시 1960년 이후 3분의 1까지 줄어들었으며, 20세기 동안 호수와 강의 연중 피빙기

---

1 CCPI는 기후변화에 충분히 대응하는 나라가 없다는 이유로 1~3위를 선정하지 않는 것이 일반적이다. 기후변화 대응에 가장 모범적인 국가는 덴마크, 영국, 스웨덴, 벨기에 순으로 평가되었다. 개발도상국 중 가장 좋은 평가를 받은 국가는 58개국 중 7위를 차지한 모로코다. 우리나라보다 순위가 낮은 국가로는 일본, 호주, 카자흐스탄, 사우디아라비아가 있다.

간은 약 2주나 짧아진 것으로 조사되었다(UNFCCC, 2005).

이상기후 증가

지구온난화의 또 다른 영향으로 인해 1966년 및 1997년 라인 강 홍수, 1995년 중국 홍수, 1998년 및 2000년 동유럽 홍수, 2000년 모잠비크 및 유럽 홍수, 그리고 2004년 방글라데시 우기 홍수 등 전 지구적으로 집중 호우와 폭풍우에 의한 홍수가 빈발하고 있다(UNFCCC, 2005).

홍수와 더불어 가뭄도 지구온난화로 인한 이상기후 현상 중의 하나 인데 특히 아프리카에서 심각하게 발생된다. 니제르, 차드 호 및 세네갈 지역에서는 전체 이용 가능한 물의 양이 40~60%나 감소하였고, 서아프 리카에서는 연평균 강수량이 감소함으로써 사막화 현상이 가속화되고 있다(Moser & Dilling, 2004). 이러한 홍수와 가뭄뿐만 아니라 폭설 및 폭염과 같은 이상기후 현상은 전 세계 곳곳에서 계속적으로 나타나고 있다.

우리나라의 경우 약 100년간(1912~2008) 6개 관측지점(서울, 인천, 강릉, 대구, 목포, 부산)의 평균 기온 상승률은 1.7℃로 전 지구 평균 기 온 상승률(0.74±0.03℃)에 비해 높으며, 기온 상승 값의 약 20~30% 는 도시화 효과로 추정된다. 1950년대 이후에 기온 상승률은 20세기 전 체 기간에 비하여 약 1.5배 이상 증가하였으며, 사계절 중 겨울의 평균 온도가 가장 크게 증가한 반면 여름철 평균 기온 상승은 뚜렷하지 않 다. 약 100년간 6개 관측지점에서 평균 연강수량은 변동성(최소 712~최 대 1,929mm)이 매우 크고 20세기 초반 10년에 비해 최근 10년 동안 약 19%(220mm) 증가하였다.

우리나라 기후변화는 극한 기후 현상에도 나타나고 있다. 지난 20세기 동안 온난야, 여름일수 등 고온과 관련된 기후 지수 발생빈도는 증가하였고, 한랭야, 한파, 서리 등 저온 관련 극한 기후 현상의 발생빈도는 감소하고 있다(기상청, 2009). 특히 여름철의 경우에는 평균 기온은 크게 변화가 없지만 극한 고온일수와 극한 강수량이 증가하여 점차 집중호우와 고온 현상이 반복되는 양상을 보이고 있다.

생태계 변화

육지 생태계의 순탄소흡수량은 21세기 중반이 되기 전에 최고 상태에 도달한 다음 약해지거나 역전되어 기후변화를 증폭시킬 가능성이 있다. 지구 평균 기온의 상승이 1.5~2.5℃를 초과하면 현재 동식물종 중 대략 20~30%가 멸종 위험에 빠질 것이라 예상된다(박용하 외, 2000). 이와 더불어 대기 이산화탄소 농도가 증가하고 생태계의 구조와 기능, 종들의 생태계 상호작용, 종들의 서식범위 이동에 큰 변화가 일어날 것이다.

생물종의 경우에는 여러 가지 환경 요인에 대해서 각기 다른 반응을 나타낸다. 어떤 지역에서의 지구온난화는 특정 종의 생식이나 적응에 유리하게 작용할 수 있다. 이러한 특정 종의 번식은 종래 그 지역에 있던 우세종을 대신하게 됨으로써 지역 생태계 구조 자체를 바꾸어버린다. 기존의 종들은 온난화에 따른 지역의 변화에 적응하지 못하여 온도가 낮은 고위도나 표고가 높은 고지대로 이동하게 된다. 그러나 이동 후 생식에 적합한 서식장소를 찾아내지 못한다면 그 종은 멸종의 위험에 처하게 된다. 이와 같이 기존 우세종의 대체가 일어난 곳에서는 지금까지와는 다른 새로운 종의 집합이 이루어지게 된다(박현렬, 2005).

IPCC 보고서에서는 평균 기온이 1℃만 상승해도 많은 식물종의 성장 능력에 변화를 일으키는 데 충분하다고 결론짓고 있다. 세계 산림지역의 상당한 비율이 기후변화에 반응하여 식생 유형에 주요한 변화를 겪을 것으로 예측되며 식생의 이동은 식생을 구성하는 식물군락 및 식물상에 의존하는 동물의 종에도 큰 영향을 미칠 것이다. 기후변화에 의한 식생에의 영향은 온대 방목지와 툰드라에서 가장 클 것으로 예측된다.

오스트레일리아와 뉴질랜드의 경우는 2020년까지 대보초Great Barrier Reef 와 퀸즐랜드Queenland 열대습윤지역을 비롯해 생태계가 풍부한 지역에서 생물다양성이 상당히 손실될 전망이다(박헌렬, 2005). 극지방의 경우는 주요 생물리학적 영향으로 빙하, 빙상 및 해양빙의 두께와 범위의 감소, 철새, 포유류, 고등 포식자를 포함한 여러 유기체에 결정적 영향을 주는 자연생태계의 변화가 전망된다.

식량 및 작물 생산 변화

중위도, 고위도에서 지역 평균 기온 상승이 최대 1~3℃인 지역은 작물에 따라 수확고가 약간 증가할 것이나 그 이상 상승하는 지역에서는 감소할 것으로 전망된다. 저위도 지역 특히, 계절적으로 건조하고 열대성인 지역에서는 지역 기온이 적게 상승하더라도(1~2℃) 작물 생산량이 감소할 것으로 전망되며, 이것이 기아 위험을 증가시킬 것이다(이승호 외, 2008). 지구 전체로는 지역 평균 기온의 1~3℃ 상승까지는 식량 생산 잠재력이 증가할 것이나 그 이상 상승하면 감소될 것으로 전망된다.

아프리카의 경우 2020년까지 일부 국가에서는 천수답 농사의 생산고가 최대 50% 감소될 수도 있으며, 식량 조달을 비롯해 아프리카 여러 국가의 농업 생산량이 심각하게 훼손될 전망이다. 이것은 식량안보에 더욱 부정적 영향을 주고 영양부족을 악화시킬 것이다(IPCC, 2007).

2030년까지는 오스트레일리아 남부 및 동부, 뉴질랜드의 노스랜드와 일부 동부 지역에서 물 확보 문제가 심화될 전망이며, 오스트레일리아 남부와 동부, 동부 뉴질랜드의 여러 지역에서 가뭄과 산불 증가로 인해 농림 생산량이 감소할 전망이다. 라틴아메리카의 경우 일부 중요한 작물과 가금류 생산량이 감소하여 식량안보에 부정적 결과를 가져올 전망이다. 온대 지역에서는 콩 생산량이 증가될 전망이나 전반적으로 기아 위험에 처하는 인구의 수가 증가될 전망이며, 강우 패턴의 변화와 빙하 소실이 생활용, 농업용, 발전용 용수의 가용성에 상당한 영향을 줄 전망이다(IPCC, 2007).

산림 및 식생 부문 변화

기후변화가 산림에 미치는 영향은 국가 및 지역에 따라 그리고 연구 혹은 모니터링의 수준과 기간에 따라 매우 다르다. 또한 어느 영역까지 영향을 미치는지의 여부도 범위의 한정을 어렵게 하는 요소가 되고 있다. 때문에 현재까지 보고되고 있는 내용도 방대하고 심지어는 상반되는 자료도 제시되고 있어 이를 일반화시키는 데에 무리가 있다. 다만 기온변화에 따라 식생대가 변화하고, 산림 병해충 확산이 더욱 넓고 빠르게 이루어지며, 홍수 및 산사태, 산불의 발생 시기와 빈도, 규모 등에 영향을 미칠 것으로 예상하고 이에 대한 자료를 구축하고 있다.

이 중 식생대의 변화가 약간씩 보고되고 있는데, 제주 내륙에서는 바나나나무 같은 열대성 나무들이 자리하게 되었으며 잎이 넓은 활엽수가 점점 침엽수를 대신해 식생 지역을 확대하고 있다. 온대 수종인 소나무와 같은 침엽수는 기온이 낮은 한라산 정상 쪽으로 이동하고 있으며 현재 한라산 해발 1,400m 고지 가까이 올라간 것으로 관측된다. 그 외 극지 고산 식물인 돌매화나무, 시로미, 솜다리, 구상나무도 점차 사라지고 있다.

1922년부터 2004년까지의 개화시기 자료를 이용하여 한반도 온난화에 따른 개화시기의 변화를 분석한 결과, 꽃들의 개화시기가 변화하고 있고, 아카시아와 같이 상대적으로 늦게 꽃이 피는 나무보다는 진달래, 매화, 개나리 등 이른 봄에 피는 꽃일수록 그 변화가 두드러지는 것으로 나타났다.

가야산국립공원의 산림식물종을 대상으로 생물계절학적 모니터링을 시행한 연구 결과, 대부분의 식물들이 2010년보다 2011년 조사에서 개화시기가 2일, 많게는 1개월까지도 늦어진 경향을 보였다. 낙화시기 역시 개화시기와 마찬가지로 기생꽃, 생강나무, 매발톱나무를 제외한 대부분의 수종에서 그 시기가 늦어진 결과를 보였고, 개엽시기의 경우 전체 지표수종 중 기생꽃, 생강나무, 매발톱나무를 제외한 모든 종이 2010년보다 늦어진 것으로 조사되었다. 이는 2011년 온도가 지속적으로 떨어지는 현상을 보이거나 잦은 기상변화와 강우가 식물의 생리적 특성에 영향을 미친 것으로 보인다. 단풍시기 분석 결과 생강나무, 구름송이풀을 제외한 대부분 종이 늦어진 것으로 조사되었고, 낙엽의 경우 대부분의 지표식물이 2010년과 비교하였을 때 2~3주 정도 빨라진 시기에 시작

된 것으로 분석되었다.[2]

해양·수산자원 부문 변화

해양 부문에서는 국립수산과학원에서 현재와 같은 시스템으로 정성조사가 실시된 후 비교적 결측 없이 조사가 수행된 1968~2006년의 자료를 토대로 기후변화와 관련된 한반도 주변해역의 수온, 염분, 용존산소, 적조의 장기 변동과 수산자원의 어획량 변동을 분석한 결과는 다음과 같다.

수온을 최근 39년간 분석한 결과, 표층에서는 동해의 경우 약 0.8℃ 상승하였으며, 남해는 1.04℃, 서해는 0.97℃ 상승한 것으로 나타났다. 30m 층에서는 동해가 0.35℃, 남해가 0.32℃ 상승한 반면, 서해는 0.36℃ 하강하였다. 50m 층에서는 동해가 0.04℃, 남해가 0.23℃ 각각 상승한 반면, 서해는 0.51℃ 하강하였다. 100m 층의 경우, 동해는 1.09℃ 하강한 반면, 남해는 0.21℃ 상승하였다.

수온 상승은 어장 형성 해역에도 영향을 미칠 것이며, 실제로 서영상 등(2003)은 한국 근해의 주요 조업어장인 울릉도, 제주도, 이어도 근해에 대한 위성추정 표면 수온 변동을 1993년부터 2001년까지 살펴본 결과, 울릉도, 제주도, 이어도 근해에서 동계 및 하계 표면 수온이 1990년대 중반 이후 0.5~1.5℃ 정도의 뚜렷한 고수온 현상을 나타내고 있다고 보고한 바 있다.

적조는 미세조류가 대량 번식하여 바다나 강 등의 색이 바뀌는 현상으로 최근 20년 사이에 발생이 급증하고 있다. 국립수산과학원 해양생태연

---

2 김병도 외(2012), 가야산국립공원 식물종의 생물계절성 연구.

구팀의 적조 예찰조사 자료를 이용하여 1995년부터 2005년까지 우리나라 근해의 적조 발생 규모를 공간적으로 살펴본 결과, 적조 확장이 크게 일어난 해는 1995, 1997, 1999, 2001, 2002, 2003년이었으며, 남해 연안 부근에 국한된 해는 1996, 1998, 2000, 2004, 2005년으로 나타났다.

무엇보다도 우리나라 주변해역에서 서식하는 다획성 어종이 연대별로 많은 변동을 보이는 것으로 보고되고 있다. 1930~1940년대에는 정어리의 어획 비율이 상당히 높았고, 명태는 1920, 1930, 1950, 1970년대, 말쥐치는 1970, 1980년대의 주요 어종이었다. 참조기는 1960년대까지 주요 어종이었다가 이후 사라졌으며, 갈치는 1940년대 이후 주요 어종이 되었다.

생태계에서 먹이생물로 중요한 위치를 차지하고 있는 멸치는 1920년대 이후 계속 주요 어종으로 자리 잡고 있으며, 1990년대 이후 최근 들어서는 고등어, 오징어, 멸치가 일반 해면어업 연간 전체 어획량의 약 60% 정도를 차지하는 주요 어종이 되었다. 박종화(2003)의 주요 어종별 어획 순위의 변동을 분석한 결과에 의하면 1960년에는 갈치를 필두로, 오징어, 멸치, 전갱이, 참조기, 명태의 순이었는데, 1996년에는 고등어가 가장 높은 어획고를 보이고 그 뒤로 오징어, 멸치, 갈치 순이었다. 또한 최근 2000년에는 오징어가 1위에 올랐고 그다음으로 멸치, 고등어, 갈치, 강달이, 삼치 순이었으며, 이들 6개 어종의 어획량이 연근해 총 어획량의 57%를 차지하였다.

기후변화로 인한 사회적 영향

인간 건강에 대한 영향

기후변화로 인한 질병과 이상기후 현상은 우리 사회에 적응과 완화를 동시에 요구하고 있다. 기후변화는 생태계의 변화에 따른 국민생활 행태 변화 및 인간 건강에도 영향을 미치고 있다. 기온 상승과 관련하여 대체로 1990년대 이후 한반도 여름철 고온 발생 빈도가 증가 추세이고, 1991~2000년 서울시의 7~8월 평균 최고기온과 평균 사망자 수 추이가 대체로 비례하는 것으로 나타나고 있다.

기후변화로 인한 간접적인 건강 영향도 있다. 기온 상승과 비례하여 대기 내 광화학적 반응을 촉진하여 오존 농도가 증가하는 등 대기오염을 심화시켜 건강에 영향을 미치는 것으로 나타났으며, 말라리아, 세균성 이질 등 매개체를 통한 질병이 증가 추세에 있는 것으로 파악되고 있다. 특히 법정 전염병인 쯔쯔가무시증, 말라리아, 세균성 이질, 렙토스피라증, 비브리오패혈증 등 기후변화와 관련이 깊은 질병들은 1990년대

▶ 표 2-2 **기후변화로 인한 사망자 수**

사망 원인	2010	2030
설사 관련 질병	85,000	150,000
열사 & 동사	35,000	35,000
배고픔	225,000	380,000
말라리아 및 매개체 감염	20,000	20,000
뇌수막염	30,000	40,000
환경재해	5,000	7,000
계	400,000	632,000

출처 : DARA Internacional(2012). A Guide to the Cold Calculus of a Hot Planet.

이후 꾸준한 증가 추세를 보이고 있다고 IPCC(2001)는 발표한 바 있다.

해안과 강가의 홍수 평원(범람지)에 위치한 곳, 경제가 기후에 민감한 자원과 밀접한 관계가 있는 곳, 특히 급속한 도시사회화가 일어나는 곳 등이 기후변화에 가장 취약할 것이다. 집중적으로 위험도가 높은 빈곤 지역은 특별히 취약할 수 있다. 그 이유는 영양불량 증가, 기상이변으로 인한 사망, 질병, 상해 증가, 설사병 위험 증가, 기후변화에 관련된 도시의 지상 오존 농도 증가, 전염성 질병의 공간적 분포 변화 등에 의해 수백만 명의 보건상태가 영향받을 전망이다(박헌렬, 2005).

기후변화는 온대 지역에는 한파에 의한 사망의 감소 같은 일부 이득, 아프리카에서는 말라리아의 발생 범위 및 전달 잠재력의 변화와 같은 혼합효과를 가져올 전망이다. 그러나 전반적으로 기온 상승은 이득보다 부정적 영향을 더 많이 줄 것으로 예상되며, 특히 개도국의 경우 더욱 그렇다. 또한 교육, 건강관리, 공중보건 이니셔티브, 국민의 보건에 직접적으로 영향을 줄 것으로 전망된다.

아프리카의 경우는 2020년까지 7,500만~2억 5,000만 명이 기후변화로 인한 물 부족에 노출될 전망이며, 아시아의 경우도 2050년까지 중앙아시아, 남아시아, 동남아시아에서, 특히 큰 강 유역에서 담수 이용률이 감소될 전망이다. 기후변화는 급속한 도시화, 산업화, 경제 발달로 인한 자연자원 및 환경에 대한 영향을 심화시킬 전망이며, 물 순환의 변화로 인해 동아시아, 남아시아, 동남아시아 등에서는 풍토병 발생률과 주로 홍수와 가뭄에 관련된 설사병으로 인해 사망률이 증가할 것으로 예상된다(IPCC, 2007).

기후변화의 물리적 · 생태적 영향은 건강과 질병 문제로도 연결된다.

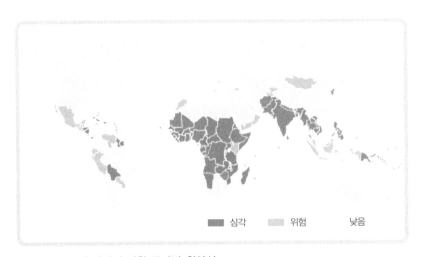

심각   위험   낮음

그림 2-6 기후변화에 대한 국가별 취약성

출처 : DARA Internacional(2012), A Guide to the Cold Calculus of a Hot Planet.

심한 홍수, 가뭄, 폭풍우 등으로 인명 피해가 늘어나면 질병 확산을 위
한 좋은 조건이 형성된다. 기후변화는 식량사정을 악화시켜서 영양실조
에 걸리는 사람들을 늘릴 수 있고, 불안전한 식수 공급에 노출되는 인구
를 증가시킬 수 있다. 해수면 상승과 연안 지역의 범람으로 염수가 지하
수 공급 체계로 침투할 수도 있고 연안 지역의 폐수처리 체계에도 영향
을 미칠 수 있다. 이러한 영향들로 인해 염서, 말라리아모기가 내륙으로
보다 깊이 침투할 수도 있다.

우리나라의 인구집단별 유병有病 현황을 중심으로 기후변화가 건강에
미치는 영향을 간접적으로 분석한 결과에 의하면 2000년 이후 천식 및
아토피 환자 수가 늘어나고 있으며, 기후변화로 인한 대기오염 증가로
호흡기 계통의 질환이 취약계층인 노인과 아동을 중심으로 계속 증가하
고 있다. 열파와 관련해서, 일반적으로 열 스트레스로 인한 사망은 최고

기온이 나타난 날의 1~2일 후에 가장 많이 발생하는 것으로 알려져 있는데, 우리나라 서울의 경우 29.9℃에서 1℃ 상승할 때마다 사망률이 3% 증가하고 혹서가 7일 이상 지속될 때 사망률은 9% 이상 증가하는 것으로 나타났다(김소연, 2004).

기상연구소의 2006년 보고서에서는 32℃ 이상에서 1℃ 기온 상승마다 노인 사망자 수가 9명 증가하고, 서울 지역의 혹서기간 사망자 수는 평년보다 75% 높은 것으로 분석되었다. 여름철 혹서로 인한 건강 피해는 1994~2005년 서울, 대구, 인천, 광주 지역에서 2,127명의 초과 사망자가 발생한 것으로 분석되었다(박정임 외, 2005). 기후변화와 관련이 깊은 말라리아는 1970년대 후반 이후 자취를 감추었다가 1990년대 중반부터 다시 나타나 급격하게 확산되었고, 2007년에는 2006년에 비해 말라리아 발생이 5% 증가한 것으로 보도되었다. 한타바이러스hantavirus와 렙토스피라증 또한 1990년대부터 빠르게 증가 추세를 보이고 있다(장재연 외, 2003).

경제적 영향

① 농업생태계에 미치는 영향

자연생태계 영향평가의 일부로 진행된 농업생태계 부문은 다른 부문에 비해 비교적 자료 축적이 양호한 편이다. 우선 농작물의 파종시기 및 등숙기간은 계절과 밀접한 관련이 있기 때문에 기상연구소에서는 일평균 기온 5℃ 이하를 겨울, 20℃ 이상을 여름으로 정의하고 그 사이를 봄과 가을로 정의하여 계절의 변화를 분석하였다. 그 결과 겨울은 1920년대에 비하여 1990년대에 27일 짧아졌으며, 봄과 여름이 20일 정도 길어졌다.

1922~2000년 자료에 의하면 3월의 10년 평균 기온이 1971년부터 지속적으로 상승함에 따라 봄이 빨라지고 기온이 높아지면서 꽃들의 개화시기가 앞당겨지고 있다. 사과꽃은 1931~1960년에 비해 1971~2000년의 만개일이 서울 8일, 강릉 4일, 대구 4일, 광주 5일씩 앞당겨졌다.

또한 이정택(2003)에 의하면 1931~1960년에 비해 1971~2000년의 출수기 등숙기온이 약간 높아졌으며, 이앙기 만한일이 조생종의 경우 약 3일 늦어졌고, 출수 만한일도 약 3일 정도 늦어져서 결과적으로 기온이 상승하면서 벼의 재배가능기간이 늘어났음을 알 수 있다. 또한 벼 재배기간 중 기온 상승에 의하여 같은 품종이라도 성장이 빨라지면서 출수기가 약 2~5일 빨라졌는데, 강릉의 경우 약 10일이나 빨라졌다.

지역별 서리발생일수는 감소하고 있는데, 이러한 변화는 농작물에 대한 동해frost damage의 피해를 줄이는 한편, 해충의 월동 가능성을 높이는 악영향을 줄 수 있다. 또한 심교문 등(2004)에 따르면 월동기간의 기온 상승으로 가을보리의 안전재배지대가 점차 북상하고 있다. 서형호(2003)는 사과의 재배면적이 감소하고 있다고 지적하였는데, 그 이유는 장기간의 재배기간 경과에 따라 사과의 기온요구도 등 기후조건에 의해 품질이 떨어지고 재배가 불리한 지역은 도태되고 재배에 적합한 지역은 활성화되면서 나타난 현상으로 보았다. 반대로 복숭아의 경우는 재배지역이 경기도 북부, 충청북도 북부, 강원도 일대까지 확장되었다. 남부 지역에서는 아열대 작물인 파인애플, 키위 등의 재배 수확이 증가하였다.

2100년까지 기후변화로 인해 경제적으로 약 800조 원의 피해를 예상하고 있다(환경부, 2009). 홍수 피해의 경우 2000년 이후 2조 7,000억 원 피해 확대를 예상하고 있으며, 이상고온으로 인해 2033년 322명 대비 사

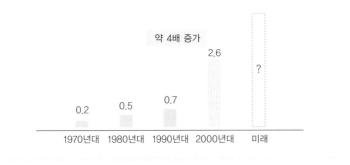

약 4배 증가

2.6

?

0.2   0.5   0.7

1970년대 1980년대 1990년대 2000년대 미래

그림 2-7   **기후변화로 인한 경제적 손실(단위 : 1조 원)**

출처 : 환경부(2009).

망자 수가 2배 증가할 것으로 예상된다.

② 산업계에 미치는 영향

2005년 2월 16일 교토 의정서가 공식 발효되어 온실가스 감축 의무를 지고 있는 선진국을 중심으로 배출권거래제도 및 청정개발체제 등 교토 의정서 이행 메커니즘을 이용한 온실가스 감축 노력과 함께 새로이 창출되고 있는 온실가스 감축 관련 환경산업 및 기술개발을 선점하려는 노력이 가속화되고 있다. EU는 지역 내에 반입되는 차량에 대하여 1km 주행 시 평균 140g 이상의 이산화탄소를 배출하는 경우 수입을 제한하는 자발적 협약을 발효할 예정이며, 이 기준을 120g/km로 더욱 강화한다는 계획도 가지고 있다. 이는 우리나라 주요 수출품목 중 하나인 자동차의 수출 증대에 장애요인으로 작용할 수 있다.

또한 기타 수입품목의 경우에도 포장재의 처리에 까다로운 기준을 적용하고 있으므로 이에 대한 대처가 필요한 상황이다. 이 같은 온실가스 감축 관련 제도의 도입은 교토 의정서에 비준하지 않은 미국에서도 마찬가지여서 캘리포니아 주의 경우 2009년부터 차량의 이산화탄소 배출 기준을 엄격히 적용할 예정으로 있어 국내 관련 업계의 대책 마련이 시급한 상황이다.

우리나라는 제1차 공약기간 동안 온실가스 감축 의무가 없더라도 이미 감축 의무 국가인 선진국을 대상으로 하는 대외무역 시장에는 온실가스 배출규제가 무역규제로 작용하는 많은 사례를 발견할 수 있다. 이러한 현실에서 우리나라가 교토 체제 이후 기간에 의무 감축 국가에 포함되는 경우 국내에서도 온실가스 감축정책 및 노력이 현실적으로 불가피할 것이다.

③ 국민경제에 미치는 영향

우리나라의 감축 의무 참여가 비단 산업계에만 영향을 미치는 것은 아니며, 우리 국민 모두에게 영향을 미칠 수 있다. 2005년 국가 온실가스 배출량이 1990년 온실가스 배출량 대비 2배에 이르고 있는 우리의 현실을 고려할 때 교토 체제 이후에서의 감축 의무 참여는 국민경제에 큰 부담을 줄 수 있다.

향후 온실가스 감축 의무 방식에는 여러 가지 가능성이 있으므로 속단하기는 어려우나 2013년부터 온실가스 배출량을 1995년 대비 5% 줄인다고 가정하는 경우 실질 GNP 성장률이 0.78% 감소하는 것으로 나타나 국민경제의 어려움이 예상되며, 국가경제를 고려하여 산업계의 감축 부담을 국민들이 지는 경우 국민들이 실제 느끼는 경제적 압박은 더욱 클 수도 있다(환경부, 2009a).

인구이동의 변화

기후변화와 인구이동의 관련성을 생각해 볼 수 있다. 즉, 저지대 연안 지역의 침수에 따라 고지대 내륙 지역으로의 인구이동 현상이 발생할 것이다. 특히 3℃ 이상 상승의 경우 미국 뉴욕 등 해안 대도시 등이 타격을 받고 극심한 인구이동을 초래할 가능성도 있다. 이를 막기 위한 댐과 제방 설치 증가는 추가적인 사회기반시설 수요의 증가뿐만 아니라 경제적 비용 부담을 가중시킨다. 가뭄에 시달리는 농촌 지역 주민들이 도시로 이동할 가능성도 크다. 경작 문제에 따른 인구이동이 발생할 경우 식량수급 문제를 가져올 우려도 있다.

수송 부문 및 산업구조의 변화

기후변화는 수송 부문에도 영향을 미치게 된다. 지역적 강수량 및 하천 유량 변화는 선박 수송에 영향을 미친다. 도로, 교량, 제방 등 인프라에 대한 수요도 바뀔 것이다. 또한 기후변화에 따라 산업 부문과 도시가 재배치될 경우 수송 부문의 추가적 투자가 필요해질 것이다.

기후변화는 산업구조의 변화를 가져올 것이다. 해수면 상승과 가뭄으로 인한 수자원 부족은 농림업의 재배치를 가져올 것이다. 관광·위락 산업도 일부 지역에서는 이러한 산업에서 긍정적인 영향을 받게 된다. 기후변화가 심화되면 대응정책이 강화될 것이다. 이러한 정책의 영향도 산업 부문별로 차등적으로 나타날 것이다. 철강, 알루미늄 등 1차 금속 제조업, 시멘트 제조업 등 에너지 집약적인 산업에는 부정적인 영향을 줄 것이다. 반면 태양광, 풍력, 지열 등 신재생에너지 관련 산업과 연료전지 산업, 탄소 포집 및 저장carbon capture and storage, CCS, 에너지 효율성 관련 산업 및 기술 등에는 긍정적인 영향을 줄 것이다.

우리나라의 기후변화 현황

기후변화에 영향을 미치는 요소로 기온, 강수량, 습도, 증발산량, 일조
시간, 풍향, 풍속 등 다양한 것들이 관찰되지만, 온도와 강수량이 자연
및 인간계에서 발생하는 현상을 가장 잘 설명하는 기후요소이다. 그중
에서도 강수량은 공간적·시간적으로 변동성이 커서 주로 기후변화의
현황을 설명할 때에는 온도, 즉 기온을 사용하고 있다(IPCC, 2007).

전 세계적으로 기온은 지난 20세기에 평균 0.6℃ 상승하고 이로 인하
여 해수면은 10~20cm 상승한 것으로 나타났다. 21세기에도 지구 온도
는 평균 0.6~1.8℃ 상승할 것이며 해수면은 18~38cm까지 상승할 것으
로 전망되고 있다.

기후변화가 우리나라에 미치는 영향은 세계의 다른 나라보다 빠르
게 진행되고 있으며 이로 인한 피해 역시 점차 증가하고 있다. 한반도에
서 관측된 기후변화의 경향을 살펴보면, 1961~1990년의 연평균 기온이
1931~1960년보다 0.4℃ 증가한 것으로 나타났다. 기상청(2008)에 따르
면 한반도 지역의 연평균 강수량은 수십 년 주기의 큰 변동 폭을 보이나
장기적으로 증가 추세에 있다. 특히 최근 10년(1996~2005) 연평균 강수
량은 1,485.7mm로 평년보다 약 10% 증가하였으며, 호우일수(일강수량
80mm 이상)는 최근 10년간 28일로 종전 20일보다 증가한 것으로 나타
났다.

1973년부터 2008년까지 우리나라의 시계열 변화의 경향을 살펴보면
기온, 강수량 모두 증가하는 경향을 보이는데, 여름철에는 강수량이 증

가하였고 겨울철에는 기온의 증가가 두드러지는 것으로 나타났다. 기후변화로 인한 물 순환 과정의 변화로 인하여 7월 중순과 9월 초에 강수량의 최대 값이 나타났으나, 8월 상순에는 강우 강도가 급격하게 증가한 것으로 나타났다.

미래의 기후 전망을 위하여 지역 기후 모형과 IPCC의 SRES 시나리오 중 A1B 시나리오를 이용하여 미래를 예측한 결과 2100년도에는 한반도 전 지역에 대하여 온도가 4℃, 강수량이 17% 증가하는 것으로 나타났다. 특히 남한 지역의 강수량이 13% 증가할 것으로 예측되었으며 혹서일이 증가하며 혹한일이 감소하고 8~9월의 강수량 증가가 뚜렷할 것으로 보인다.

우리나라는 기온과 강수량 같은 기후요소의 변화뿐만 아니라 도시화나 이산화탄소 농도의 변화, 지형적 특성과 같은 비기후적 동인들에 의해서도 기후변화 현상이 관찰되고 있다. 1904년 이후 2000년까지 우리나라에서 관측된 20세기 기온 자료를 분석한 결과, 평균 기온이 1.5℃ 상승하였는데, 우리나라에서 나타나는 온난화 추세는 전 지구적인 온난화 추세를 상회하고 있다(권원태, 2005).

기후변화 대응 방안

기후변화 대응 정책은 기후상태climate condition가 변화하는 것에 대하여 우리가 취하는 모든 행동을 말한다(사득환, 2013). 기후변화 대응은 기관에 따라 다양하게 해석되고 있으며(표 2-3), 기후변화 대응 방안은 크게 완화와 적응, 그리고 협상으로 분류할 수 있다.

기관	정의
UNDP	기후변화 현상에 수반된 결과를 완화·대처하고 이용하는 전략을 강화·개발·실행하는 과정
UNFCCC	지역사회와 생태계가 변화하는 기후조건에 대응할 수 있도록 하는 모든 행동
UKCIP	기후변화에 관련된 손해와 그 손해에 따른 위험을 감소시키고 이익을 파악하는 과정 혹은 미래 기후조건에 영향을 미치는 결과물

출처 : 사득환(2013).

기후변화 완화

기후변화 대응을 위한 완화mitigation는 미래의 기후변화도를 감소시키는 것을 말한다. 즉, 완화는 기후변화를 일으키는 온실가스의 발생원을 줄이거나 온실가스의 흡수원을 확충하기 위한 인위적인 개입을 의미하며 IPCC(2007)는 지구온난화의 완화를 온실가스 배출량GIG을 줄이는 운동 또는 온실가스 흡수원을 증가시킴으로서 배출한 온실가스를 흡수하는 운동으로 정의하고 있다. 그 예로 현재 온실가스 발생량의 감축을 위한 탄소배출권거래제나 신재생에너지 개발, 조림사업과 같은 노력들을 들 수 있다. 이와 같은 대부분의 완화의 노력은 글로벌 파트너십을 통해 모든 국가에서 동시에 실행하고자 하고 있으며, 그 혜택 또한 지구적 차원으로 돌아가게 된다.

기후변화 적응

적응은 기후변화의 영향으로 인한 위협을 줄이거나 기회를 만들기 위하여 자연시스템 혹은 인류시스템에게 취하는 모든 조치를 의미한다. 이는 에너지, 교통, 산업, 쓰레기 등 다양한 부문에서 장기적으로 적용하여야 하며 그 효과는 오랜 시간에 걸쳐 서서히 나타날 수 있다. 대부분의 적응조치들은 현재 기후변화에 취약한 지역을 대상으로 하며 혜택은 적용한 지역에 곧바로 나타나기도 한다.

　최근 몇 년간 기후변화로 인해 앞으로 인류가 겪게 될 소위 재앙catastrophe에 대한 많은 보고 및 논의가 있었다. 기후변화를 소재로 한 환경 다큐멘터리 '불편한 진실'(2005), 영국에서 발표한 기후변화에 대한 경제보고서(2006)와 다보스포럼, 2007년의 유엔안전보장이사회 및 G8 결과 등과 함께 2007년 봄, 기후변화에 관한 정부 간 협의체Intergovernmental Panel on Climate Change, IPCC에서 발표한 일련의 제4차 평가보고서는 지구온난화로 인한 기후변화가 21세기 인류에게 닥칠 최대의 위협이 되고 있다는 것을 사실로 받아들이게 하는 데 충분하였다.

　특히 유엔안전보장이사회에서는 이대로 방치한다면 앞으로 수십 년 내에 국가의 안전 및 안보가 위협받을 수 있다고 경고하고 있어 기후변화는 인류의 지속가능발전을 위해 반드시 고려해야 할 주요한 쟁점이 되었다. 국제사회에서 기후변화로 인한 영향과 적응에 대해 본격적으로 논의하기 시작한 것은 2001년 발간된 IPCC 제3차 보고서 이후부터이다. 초창기 적응에 대한 논의는 상대적으로 기후변화 영향에 취약한 개발도상국을 중심으로 진행되었다.

　하지만 기후변화의 재앙이 몰고 오는 영향이 개도국에 한정되지 않고 선진국을 포함하여 전 지구로 확산됨에 따라 적응에 대한 논의 또한 국제적으로 확대되었다. 기후변화 적응 문제는 2006년 기후변화협약 당사

생태계 변화
최근 30년간
개화시기가
2~6일 정도 빨라짐

해수면 상승
최근 50년간
한반도 주변
평균 10.8cm 상승

폭염 사망자
연평균 약 20명
폭염 사망자 발생
(1991~2012년)

자연재난 피해
2005~2014년
연평균 인명피해 27명
재산피해 6,269억 원
발생

어장 변화
동해안 명태 등 한류
어종 줄고 오징어 등
아열대성 어종 증가

농작물 재배지 변화
사과 재배가능지역
경기 북부까지 북상

가뭄 심화
생활용수 비상급수
인구 지속 증가,
2014년 대비 2015년
5.5배 이상 증가

**산사태 빈도 및
피해 증가**
최근 2005~2014년
연평균 439ha 산사태
발생, 1980년대 대비
약 1.9배 발생 규모
증가

그림 2-8 **우리나라 기후변화로 인한 영향**

출처 : 환경부(2015). 기후변화 대비, 범정부 국가적응대책 마련 보도자료.

국총회COP12에서 나이로비 5개년 작업프로그램이 채택되면서 지구적 주요 현안으로 자리잡게 되었다. IPCC에 의하면 대기 중 온실가스 농도가 2000년 수준으로 유지된다고 하더라도 과거에 배출한 것으로 인해 어느 정도의 지구온난화 영향은 피할 수 없고, 현세대에서 이를 고스란히 경험하게 된다고 한다. 과거에 배출된 온실가스가 오랜 기간 축적되어 대기 중 온실가스 농도를 안정시키기 위해서는 오랜 시간이 필요하기 때문이다.

결국 온실가스 안정화를 위해서는 앞으로 수십년 내(2030년 또는 2050년)에 온실가스 배출을 최대 수준에 도달하게 하고 그 이후 지속적으로 감소되도록 하는 전 지구적인 노력 및 조치가 필요하다. 기후변화에 대응하는 것은 온실가스 배출 저감을 통한 기후변화 완화만으로는 충분하지 않다. 적절한 행동을 취하지 않고서는 이미 일어나고 있는 기후변화 영향을 회피하기 어렵다. 따라서 현 상황을 토대로 미래에 발생할 변화를 예측하고 취약성을 줄이기 위한 적절한 계획이 필요하다.

이러한 차원에서 기후변화 적응은 기후변화 완화 노력과 함께 기후변화 대응에서 필수적인 요소이다. 기후변화 적응은 그 중요성에 비해 논의는 최근에 이루어졌으나 적절한 적응 행동을 취하지 않았을 때 피해 비용이 더 클 것이라는 전망은 이미 사실로 받아들여지고 있다. 하지만 우리나라에서는 기후변화 대응에 있어 기후변화 영향과 취약성 및 적응에 대한 이해가 아직도 부족하다.

그동안 수행되었던 연구 결과들을 분석해 보면 주로 영향평가의 과학적인 분석에 치중되어 있고 부문별, 부처별로 산발적으로 연구가 진행되어 결과를 정책에 활용하는 데에는 한계가 있었다. 특히 적응대책과 관련된 부분의 연구는 매우 초보적인 수준이다. 이러한 배경하에 본 연구는 한반도의 기후변화 현 상황을 토대로 예측 가능한 부문에 대해 부문별 기법을 활용하여 영향과 취약성을 평가하고, 분석 결과로부터 정책적 시사점을 파악하여 기후변화 적응전략을 수립하기 위한 국가 적응 체계 구축 방안을 제시할 목적으로 진행되었다.

기후변화 협상

기후변화에 따른 부정적 영향이 가시화되고 경제적 피해로 현실화되면서 기후변화 적응이 온실가스 배출의 저감처럼 중요한 이슈가 되었다. 이제 적응은 완화와 함께 기후변화 협상에서 중요한 의제가 된 것이다(유가영, 2009). 적응과 완화도 하나의 대응이지만, 파리에서의 신기후 체제에 대한 합의나 교토 의정서, 온실가스 배출권거래제와 같은 국가 간의 협상이다. 협상은 국가 간이나 기업 간의 결정을 하기 위하여 여럿이 서로 의논하고 합의를 이끌어내는 것을 말한다. 적응과 완화만으로는 해결하기 힘든 문제들을 해결하는 방법이 되기도 한다(최윤태, 남영숙, 2016).

국제사회

지구온난화에 따른 기후변화에 적극 대처하기 위하여 국제사회는 1988년 유엔총회 결의에 따라 세계기상기구World Meteorological Oganization, WMO와 유엔 환경계획United Nations Environment Programme, UNEP에 기후변화에 관한 정부 간 패널IPCC을 설치하였고, 1992년 6월 유엔환경개발회의United Nations Conference on Environment and Development, UNCED에서 기후변화협약UNFCCC을 채택하였다.

우리나라는 세계 47번째로 1993년 12월에 가입하였으며, 2015년 말을 기준으로 196개국이 가입되어 있다.

기후변화협약에 가입한 당사국들은 당사국총회Conference of Parties, COP를 협약의 최고의사결정기구로 정하여 매년 당사국총회를 개최하여 협약의 이행 방법의 주요 내용을 논의하고 결정한다. 1995년 9월 독일 베를린의 제1차 COP회의를 개최한 이후, 2016년 제22차 COP회의가 모로코 말라케시에서 개최되었다.

기후변화협약의 주된 목적은 인간 활동에 의해 발생되는 인위적 영향이 기후시스템에 위험한 영향을 미치지 않도록 대기 중 온실가스 농도를 안정화시키는 것이다. 지구온난화 방지를 위하여 모든 당사국이 참여하되 단, 온실가스 배출의 역사적 책임이 있는 선진국은 차별화된 책임을 지는 것을 기본원칙으로 하여 모든 당사국은 지구온난화 방지를 위한 정책 · 조치 및 국가 온실가스 배출통계가 수록된 국가보고서를 유엔에 제출하도록 하고 있다.

교토 의정서 기후변화협약에 의한 온실가스 감축은 구속력이 없음에 따라, 온실가스의 실질적인 감축을 위하여 과거 산업혁명 시기에 온실가스 배출을 한 역사적 책임이 있는 선진국(38개국)을 대상으로 제1차 공약기간(2008~2012년) 동안 1990년도 배출량 대비 평균 5.2% 감축을 규정하는 교토 의정서를 제3차 당사국총회에서 채택하여 2005년 2월 16일 공식 발효시켰다. 교토 의정서에는 온실가스 감축 의무 국가들의 비용효과적인 의무 부담 이행을 위하여 신축성 있는 교토 메커니즘을 제시하고 있다(기상청, 2009).

기후변화에 관한 정부 간 패널(이하 IPCC)은 인간 활동에 대한 기후

변화의 위험을 평가하고 기후변화에 관한 유엔기후변화협약UNFCCC의
실행에 관한 보고서를 발행하며 이들 보고서의 과학적 정보를 토대로
기후변화협약의 국가 온실가스 배출량에 대한 방법을 결정하고 이에 대
한 정보를 제공하는 것이 주된 임무이다. IPCC에서는 1990년 이래 5~6년
간격으로 기후변화 평가보고서를 발간하고 있다.

가장 최근에 협의한 국제 간 기후협약으로 2015년 12월 프랑스 파리

▶ 표 2-4 IPCC 보고서 내용

보고서	주요 내용
제1차(1990)	지난 100년간 대기 평균 온도가 0.3~0.6℃ 상승했고 해수면은 10~25cm 정도 상승했다. 산업 활동 등에 의한 에너지 이용이 현 상태로 지속될 경우 이산화탄소 배출량이 매년 1.7배가량씩 증가할 것으로 전망했다.
제2차(1995)	지구온난화의 주된 원인 중 하나가 인간이라는 것을 명시하고 있으며 온실가스가 현 추세대로 증가할 경우 2100년 지구 평균 기온 0.8~3.5℃ 상승, 해수면 15~95cm 정도가 상승할 것으로 전망했다.
제3차(2001)	지구 평균 기온이 향후 100년간 최고 5.8℃ 상승, 해수면 상승폭도 9~88cm에 달할 수 있으며, 이로 인해 세계의 해안 저지대가 수몰될 수 있다고 하였다. 이 보고서에서는 자연적 요인이 아닌 인간의 활동에 기인한 오염물질로 인해 기후변화가 일어나고 있다고 하였다.
제4차(2007)	지난 100년(1906~2005) 동안 지구의 평균 기온은 0.74℃ 상승, 북극 해빙 범위는 1978년 이후 10년 동안 2.7% 감소하였다. 3개의 실무 그룹이 수행했던 연구 결과를 바탕으로 지구온난화에 의한 기후변화가 미치는 영향이 명백하며 이에 대한 적응과 완화의 중요성을 언급하였다.
제5차(2013)	현재 지구온난화는 논란의 여지가 없을 정도로 명백하며 지구온난화로 인해 지난 133년간(1880~2012) 지구의 평균온도가 0.85℃ (0.65~1.06℃) 상승하고 해수면의 높이는 1901~2010년 19(17~21)cm 상승하였다. 현재의 추세로 저감 없이 온실가스를 배출한다면(RCP8.5) 금세기 말(2081~2100)의 지구 평균 기온은 3.7℃, 해수면은 63cm 상승한다고 전망하였다.

출처 : IPCC 평가보고서 재구성.

에서 개최된 제21차 기후변화 당사국총회COP21에서 채택한 '신기후체제에 대한 파리 협정'이 있다. 신기후체제Post-2020란 2015년 프랑스 파리에서 채택된 선진국·개도국 195개국의 온실가스 감축 및 재정 지원 로드맵이다.

파리 협정의 결과 2100년 온실가스 배출 제로화, 장기목표 설정, 이행 정보의 투명성 강화, 기후 재정 마련, 기후변화의 적응 등 다섯 가지가 핵심요소로 설정되었다.

파리 협정에서 합의된 내용을 살펴보면 다음과 같다.

첫째, 온실가스 배출 제로화를 달성하기 위해 장기목표를 설정하고, 매 5년마다 모든 국가들이 감축보고서 제출을 의무화하였다. 지구 온도 상승을 2040년까지 1.5℃ 이하로 제한하고, 2100년경에는 지구상 온실가스 배출을 제로로 만들기 위한 장기목표 달성에 공동으로 노력하기로 협의하였다.

둘째, 기후변화로 인한 피해를 최소화하고 기회를 극대화하는 적응 계획 수립과 선진국의 개도국에 대한 지원을 의무화하였다. 이를 위해 모든 국가는 국가 적응 계획을 수립하고 이러한 적응 계획과 이행 내용 등에 대한 보고서를 제출하여 각국의 정책, 이행 사례 등에 대한 정보를 공유하도록 명시하고 있다. 또한 선진국은 개도국에 지원되는 공공재원 규모를 포함하는 정량적이고 정성적인 정보를 격년마다 제공하도록 하였다.

셋째, 감축과 재정 지원 두 분야에서 강화된 투명성 프레임워크를 도입하도록 하였으며 협정의 이행 촉진을 위해 국가 간 투명성 제고에 노력하도록 하였다. 이를 위해 모든 당사국은 온실가스 배출과 흡수에 관한 인벤토리 보고서 및 국가 기여 방안의 진전을 추적할 수 있는 정보를 정기적으로 제공할 것을 의무화하였다. 그리고 모든 정보의 투명한 공개를 통해 국가 간 감축 의무의 이행 상황에 대한 감시를 강화하도록 하였다.

파리 신기후체제의 합의를 통하여 선진국과 개도국 모두 기후변화 대응 노력에 참여하게 되었으며 온실가스 감축 또는 기후변화 적응 문제뿐만 아니라 선진국의 재정 지원, 개도국의 경제 발전 및 빈곤 퇴치, 미래세대에 대한 고려를 포함한 여러 부분에 영향을 미치는 내용이 포함되었고 저탄소 경제로의 이행을 위한 장기적인 신호가 될 가능성이 있다(김길환, 2016).

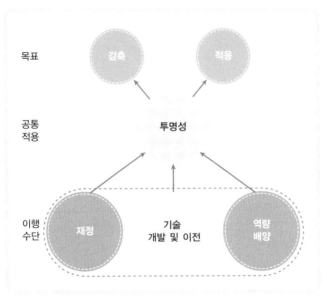

그림 2-9 신기후체제 구성요소

출처 : 녹색기술센터(2016). 글로벌 녹색기술 전략기획 및 네트워크 구축―
기후변화 대응 글로벌 기술협력 체계화 연구. 2016-007. p.9.

▶ 표 2-5 **기후변화협약 비교**

	교토 의정서 (1997)	신기후체제 (2015)
배경	1992년 기후변화협약에 의한 실행 지침으로서 교토 의정서 채택	ADP는 2015년까지 당사국에 적용 가능한 의정서, 법적 문서, 법적 효력을 갖는 결과물 산출
주요 내용 및 제도	• 배출권거래제 • 청정개발체제 • 공동이행제도	• 5년마다 나라별 상향된 목표 제출 • 선진국은 절대량 목표 방식 유지, 개도국은 감축 목표 점진적 채택 • 2023년부터 국제사회 차원의 종합 이행 점검 실시
방식	선진국들에게 하향식으로 부과	각국이 스스로 정하는 방식을 채택
문제점	• 선진국/개도국의 이분법적 구도에 대한 불만 제기 • 급격한 배출량 증가에 상응하는 개도국 책임의 필요성 주장	

출처 : 환경부(2016). 교토 의정서 이후 신기후체제. 파리협정 길라잡이.

적응과 완화만으로는 전 지구적인 공통의 과제를 해결하기는 어렵다. 또한 개별 국가의 처한 상황이 다르기 때문에 공동의 목표를 달성하기 위한 방법에서 개도국과 선진국 간의 이견이 발생할 수밖에 없다. 이에 기후변화에 효과적으로 대응하기 위한 방안으로서 '협상'의 중요성이 강조되고 있다. 신기후체제 타결의 시사점은 협상의 과정과 이로 인한 결과물이다. 교토 의정서의 실행 과정에서 발생한 이견을 좁히고 공동의 계획 및 노력의 촉구를 위한 국제사회의 협상의 과정과 합의가 기후변화 교육에서의 의미 있는 대응의 한 방법이 될 수 있다(김선미 · 남영숙, 2017).

국가

우리나라는 주요 온실가스인 이산화탄소의 배출량이 세계 9위이며 OECD 국가 중 이산화탄소 배출량 증가율 2위 국가이다. 따라서 제1차 공약기간 이후에는 구속적 형태로 온실가스 감축을 위한 국제적 노력에 동참해야 한다는 국제사회의 요구가 드세어질 것으로 예상된다.

이에 대비하여 정부는 1999년부터 현재까지 세 차례에 걸쳐 기후변화협약 대응 정부종합대책을 수립하여 시행하고 있으며, 2005년부터는 제3차 종합대책을 시행하고 있다. 환경부는 지구온난화 방지를 위한 국제적 노력에 적극 동참하고 기후변화협약에 철저히 대응하기 위하여 온실가스 감축을 위한 다양한 정책을 추진하는 한편 국내 산업 보호를 위한 협상전략을 포함하는 장단기 대응전략도 치밀하게 준비하고 있다(환경부, 2009a).

기업

산업계는 시설 및 기술개발 투자의 주체로서 온실가스 감축 의무가 주어지면 산업 경쟁력이 온실가스 감축 기술 능력에 의해 크게 좌우됨을 고려하여 온실가스 감축을 경영 과정에 포함시켜 많은 관심과 투자를 아끼지 말아야 할 것이다. 또한 자체 감축비용 절감을 위해서라도 기업은 다음과 같은 다양한 노력을 기울여야 할 것이다(환경부, 2009a).

첫째, 기존 시설의 에너지 낭비요소만 제거해도 상당량의 에너지를 절감할 수 있으므로 산업계 전체 차원의 에너지 절약 노력이 필요하다.

둘째, 온실가스 배출의 원인이 되는 에너지 사용을 줄이기 위하여 에너지 효율이 높은 생산시설과 공정을 도입하여야 할 것이다.

셋째, 온실가스 감축 기술 능력은 기업의 경쟁력을 결정하는 주요 요소가 될 것이나 이러한 기술은 단기간에 축적되지 않으므로 장기간의 투자계획을 바탕으로 지금부터 기술개발에 매진해야 할 것이다. 또한 온실가스를 최대한 감축하는 기술을 생산공정 및 신규공장 건설 시 도입하여야 할 것이다.

넷째, 현재와 같은 에너지 다소비의 산업구조는 기후변화협약 시대 국제 수출시장에서 가격 경쟁력이 매우 취약하므로 에너지 다소비 업종의 한계기업들은 이 점을 고려하여야 할 것이다.

국민

교통과 가정 부문의 온실가스 배출량은 우리나라뿐만 아니라 국제적으로도 가장 빠르게 증가하고 있으며, 국민생활과 밀접한 연관이 있는 이들 부문에서의 온실가스 감축은 가장 중요한 대응책이 될 수 있다. 따라서 우리 일상생활에서 지구온난화 방지의 첫걸음은 에너지와 자원을 절약하고 산림을 보호하는 것이라 할 수 있으며, 다음 사항에 대한 지속적인 관심과 실천이 요구된다(환경부, 2009a).

첫째, 동일한 기능을 가진 상품이라면 환경오염 부하가 적은 상품, 예를 들어 에너지효율이 높거나 폐기물 발생이 적은 상품을 선택하는 것이 필요하다.

둘째, 가정 및 직장에서의 냉난방 에너지 및 전력의 절약, 수돗물 절약, 차량 공회전 자제, 대중교통 이용, 카풀 활용, 차량 10부제 동참 등의 노력과 참여가 필요하다.

셋째, 온실가스 중의 하나인 메탄은 주로 폐기물 매립 처리 과정에서 발생하며 재활용이 촉진되면 매립지로 반입되는 폐기물량이 감소하여 메탄 발생량도 감소한다. 또한 폐지 재활용은 산림자원 훼손의 둔화를 통하여 온실가스 감축에도 기여한다.

넷째, 나무는 이산화탄소의 좋은 흡수원이다. 예를 들어, 북유럽과 같이 산림이 우거진 국가는 흡수량이 많아 온실가스 감축에 큰 부담을 느끼지 않는 것이 좋은 예라 할 것이다. 따라서 나무를 심고 가꾸는 데 힘써야 할 것이다.

기후변화 위기관리

기후변화는 적응과 완화, 통합적이고 다학문적 접근이라는 관점으로 새로운 삶의 방식으로서의 지속가능발전의 목표를 달성하도록 도와주는 구체적 전략과 실행 방안을 필요로 한다. 따라서 기후변화 위기관리를 통해 기후변화의 올바른 이해를 제공하고 실질적인 기후변화 위기관리 능력을 길러줄 수 있는 총체적 방향으로서의 대응이 이루어지는 것이 바람직하다(남영숙, 2013).

위기관리란 자연적이거나 인위적인 요인에 의해 발생되는 위험요소를 사전에 제거하거나 피해를 경감시키기 위한 제반 활동으로 정의할 수 있으며 시간의 흐름에 따라 완화, 준비, 대응, 복구 등 전 과정에 대한 관리 및 학습 과정을 총칭한다. 위기관리를 위한 교육의 기본적인 지향점은 여러 위기의 경험을 통해 위기관리의 중요성을 이해하고 위기에 대처할 수 있도록 행동의 변화를 가져오게 하는 것이다.

전통적인 기후변화 위기관리는 기후변화 영향들을 저감하고 어떻게 기후변화를 방지할 것인가에 대한 관점에서 자연과학적 접근을 통해 기후변화 문제를 다루어왔다(남영숙, 2008a). 그러나 2006년 나이로비에서 개최된 제12차 당사국총회에서 제시한 기후변화 영향, 취약성, 적응에 관한 나이로비 작업 프로그램Nairobi Work Programme on Impact, Vulnerability, and Adaptation to Climate Change은 기후변화 위기관리를 '기후변화의 영향, 취약성 평가 및 적응에 대한 당사국들의 이해를 돕고 각국이 처한 과학적·기술적·사회경제적 기반을 바탕으로 적응조치에 대한 결정을 내릴 수 있도록 정보를 제공'하는 방향으로 목표를 확립한 이후 기후변화에 대한 대응의 기조는 다음과 같이 전환되고 있다.

첫째, 기후변화에 대한 대응이 완화에서 적응으로 방향이 전환되고 있다(한화진 외, 2007). 완화 패러다임은 장기적 관점에서 기후변화로 인한 영향을 저감시키고 지연시키는 데 기여하는 전통적인 위기관리 방안으로 의미를 가지는 반면, 적응 패러다임은 기후변화로 예상되는 미래 변화를 예측하고 취약성을 줄이기 위한 기후변화 위기관리 방안이다.

둘째, 기후변화에 대한 연구들이 지속가능발전의 비전을 목표로 기후변화 모델 및 데이터를 사회, 경제 각 분야에 직접 연계하여 기후변화 적응 방안을 모색하는 접근방법으로 발전하고 있다(Munasinghe & Swart, 2005).

지속가능발전은 오늘날 우리 사회가 추구해야 하는 발전의 본질적인 방향을 제시하고 있으며, 이를 위해 우리 사회가 직면하고 있는 환경적·경제적·사회적 문제를 근원적으로 해결하고자 하는 시대적 요구를 반영하고 있다. 현재보다 더 나은 상태를 지향하는 지속가능발전의 이론적 속성을 실제 생활 속에서 실현하고 기후변화를 비롯한 각종 지속 가능성을 저해하는 다양한 문제들에 대한 인식을 증진하고 대응하기 위해서는 지속가능발전교육의 틀 안에서 기후변화 위기관리 교육의 필요성이 더욱 부각된다(남영숙, 2013). 이러한 기후변화 위기관리 교육에서는 적응과 완화, 통합적이고 다학제적 접근의 기후 위기관리 패러다임, 새로운 삶의 방식으로서의 지속가능발전 비전, 지속가능발전 정책을 위한 거버넌스, 지속가능발전을 위한 교육의 네 가지 핵심 내용에 기초한 기후 위기관리 운영 원칙 등을 포함하는 기후변화 위기관리 가이드라인을 마련하여 각 주체별로 교육시키는 방안을 강구하는 것도 필요하다(남영숙, 2008a).

기후변화 전망

우리나라의 기후변화 전망은 현재의 온실가스 배출 추세를 유지할 경우 21세기 후반 한반도의 기온은 5.7℃ 상승하며, 북한의 기온 상승은 6.0℃로 남한보다 더 클 것으로 전망된다. 이로 인해 남한 대부분의 지역과 황해도 연안이 열대 기후가 될 것이고 폭염일수도 현재 평균 7.3일에서 21세기 후반에는 30.2일로 늘어날 것으로 예상된다. 이와 같은 기후변화의 영향과 양상은 인류가 이산화탄소를 포함한 온실가스의 배출을 멈춘다고 하더라도 수백 년 동안 지속될 것이며, 이미 배출된 이산화탄소의 20% 이상이 1,000년 이상 대기 중에 남아 있을 가능성이 매우 높다. 따라서 국제사회의 대책 마련과 이산화탄소를 줄이기 위한 적극적인 노력이 필요하다.

IPCC는 제4차 평가보고서에 사용된 온실가스 배출량 시나리오 대신, 제5차 평가보고서를 위해 새로운 온실가스 시나리오 '대표농도경로

Representative Concentration Pathways, RCP'를 도입하였다. 제4차 보고서의 온실가스 배출량 시나리오는 인위적인 기후변화 요인 중에서 온실가스와 에어로졸의 영향에 의한 강제력만을 포함하였다면, 제5차 보고서에서는 토지이용 변화에 따른 영향까지 포함하여 도출하였다. 또한 제4차 보고서에서는 온실가스 배출량 시나리오를 미래 사회구조를 중심으로 선정하였다면 제5차 보고서의 대표농도경로는 기후변화 대응정책과 연계하여 온실가스 농도를 비교해 온실가스 저감정책을 실현했을 때의 효과를 더 쉽게 느낄 수 있도록 하였다.

기후변화 완화에 대한 제5차 평가보고서 주요 내용은 다음과 같다. 첫째, IPCC(2014)는 이번 보고서에서 최근 온실가스 배출 경향, 금세기 말까지 지구 온도 상승을 2℃ 내로 억제하기 위한 2050/2100년까지의 감축 경로, 부문별 감축 시나리오 및 감축대책 등을 제시하였으며, 핵심내용은 다음과 같다.

- 세계 온실가스 배출량은 이전보다 더 급격히 증가하였으며, 추가적 감축 노력 없이는 2100년까지 3~5℃ 상승
- 경제 성장과 인구 증가, 특히 경제 성장이 가장 중요한 동인으로 작용

최근의 배출 경향을 분석한 결과, 2000~2010년 배출량 증가는 주요 배출 개도국의 경제 활동에서 기인한 것으로 나타났다. 한편, 부문별로는 에너지 공급 부문과 산업 부문이 가장 큰 배출 증가의 원인으로 나타났으며, 건물 부문의 에너지 사용 증가도 주요 원인으로 분석되었다.

제5차 평가보고서는 2010년 기준 에너지 공급, 산업, 수송 부문에서 급격한 배출량 증가를 전망하였으며, 2℃ 달성을 위해서 CCS 등 저탄소

에너지 기술을 이용한 에너지효율 개선을 통한 감축을 권고하였다. 또한 에너지 최종소비 부문의 수요관리를 2℃ 달성을 위한 핵심수단으로 제시하고 수송, 건물, 산업 등 주요 에너지 최종소비 부문의 에너지 수요관리 권고안을 제시하였다. 즉, 2℃ 달성을 가능하게 하는 수송 부문의 에너지 수요를 베이스라인 대비 2030년 약 18%, 2050년까지 약 30% 감축할 것을 권고하였으며, 건물 부문에는 2030년 약 18%, 2050년까지 약 25%를, 산업 부문에는 2030년 약 20%, 2050년까지 약 28% 감축을 요구하였다.

지구온난화 예측의 불확실성에도 불구하고, 현재 지구온난화가 뚜렷이 발생하고 있는 증거들 때문에 인간의 행동이 변화해야 한다는 것은 선택이 아닌 생존을 위한 필수이다. 현재 이산화탄소의 대기 중 농도는 380ppm이다. 산업화가 시작되면서 지금까지 증가한 비율(1.5ppm)로 증가한다면, 21세기 말까지 이산화탄소의 농도는 540~970ppm이 될 것으로 추정한다. 이산화탄소와 기타 온실가스 농도 수준이 계속 증가하는

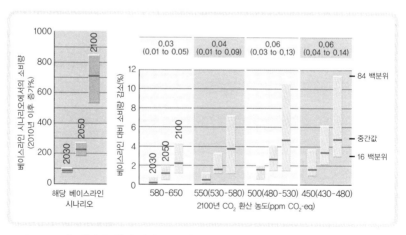

그림 2-10　21세기 동안의 연평균 소비량 성장률 감소 비율[%-포인트]
출처 : IPCC(2014) Climate Change, 2014.

추세인 만큼, 여러 대기의 온실가스 증가 시나리오에 근거하면, 전 지구적 기후 모델은 지구의 기온이 21세기 말까지 1.4~5.8℃ 정도 상승할 것이라고 예측한다. 이 수준의 온도 상승 폭은 지난 1,000년 동안의 기후변동 폭보다 훨씬 크다. 최근 변화하는 기후에 대해 인류는 온실가스 감축 노력과 함께, 첫째, 전 지구적 기후모델을 구성하는 기후변화 요소를 더 확실하게 이해하고, 둘째, 이산화탄소의 증가 속도 등 예측에 필요한 요소들의 불확실성을 줄여 미래 기후변화 예측을 한층 정확히 하고, 셋째, 변화하는 기후에 적응하는 경제·사회·문화적 시스템을 구축하는 것이 필요하다.

파리에서 체결된 신기후체제는 궁극적으로 2100년까지 지구 평균 기온 상승 폭을 1.5℃ 이하로 제한하는 내용이 핵심인데, 각국의 국가별 기여도(INDC)를 통해 구현된다. 우리나라는 2030년 온실가스 배출량을 2015년 6월 배출 전망치^{BAU}(8억 5,060만 톤) 대비 37%를 감축하기로 확정했다. 후속조치로서 감축 목표 달성을 위한 2016년 12월에 제1차 기후변화 기본계획 및 '2030 온실가스 감축 기본 로드맵'을 수립하였다. 이 계획은 기후변화 대응 추진 전략으로 신기후체제에 부응하는 새로운 성장 패러다임으로의 전환을 위해 에너지 다소비 경제구조에서 저탄소 경제체제로 전환, 온실가스 감축 위주에서 기후변화 적응체계로의 전환 등을 담고 있다. 감축량을 우선 발전 부문(전환)의 경우 가장 많은 6,450만 톤(19.4%), 산업 부문은 국가 경제에 미치는 영향을 최소화하기 위해 5,640만 톤(11.7%)으로 제한하였다. 또 건물과 수송 부문의 감축량으로는 각각 3,580만 톤(18.1%), 2,590만 톤(24.6%), 에너지 신산업 부문은 2,820만 톤을 감축량으로 설정하였다.

IPCC 제5차 평가보고서

'기후변화에 관한 정부 간 협의체IPCC'는 2014년 4월 6일부터 12일까지 독일 베를린에서 개최된 제39차 총회에서 기후변화 대응에 관한 IPCC 제5차 평가보고서를 승인하고 발표하였다. 그 내용은 기후변화의 원인, 기후시스템과 최근 변화에 대한 이해와 미래의 기후 전망 등이 포함되어 있다. 기후변화 평가보고서Assessment Report는 기후변화 추세 및 원인 규명, 기후변화에 따른 사회경제적 영향, 대응전략에 대한 과학적 정보를 제공하는 역할을 하고 있다.

제5차 평가보고서에 의하면, 기후변화에 대한 인류의 영향은 명확하게 점차 증가하고 있으며, 이대로 방치한다면 기후변화는 지속적으로 심화될 것이다. 이로 인한 자연의 위험은 심각해지고 돌이킬 수 없는 상태에 이를 것이라고 강조하고 있다. 그러나 인류는 기후변화를 억제할 수 있는 방법을 알고 있으므로, 기후변화로 인한 피해를 줄이기 위한 빠른 결단과 행동이 필요하겠다.

이 보고서에는 온실가스 감축 없이 현재와 같은 추세로 온실가스를 배출하는 경우(이산화탄소 농도가 2100년 946ppm에 도달할 경우), 지역적으로 예외가 있겠지만 지구 대부분의 지역에서 온난화된 기후로 인해 건조 지역과 습윤 지역의 계절 강수량 차이가 커지고, 우기와 건기 간의 기온 차이도 더 벌어질 것이며, 고위도와 적도 태평양의 경우 강수량이 증가할 가능성이 매우 높을 것으로 전망한다. 또한 현재와 같은 상태가 계속될 경우 21세기 말 지구의 평균 기온은 1986~2005년에 비해 3.7℃ 오르고 해수면은 63cm 상승하겠으나, 국제적 노력에 의하여 이산화탄소 배출량이 감축된다는 전제하에 평균 기온은 1.8℃, 해수면은 47cm 정도로 상승 폭을 완화시킬 수 있을 것으로 보고서는 전망하고 있다.

제 3 장

여성의 정의
및 유형

여성의 정의

여성이란 무엇인가? 여성의 정의를 질문한다면 다양한 대답들이 제시될 수 있을 것이다. 즉, '남성의 반대', '양육자', '소비자', '사회적 약자'로서의 여성으로 정의되곤 한다.[1]

여성의 정의는 첫째, 남성과 대비하여 설명하는 것이 일반적인 이해를 용이하게 한다. 남성과 여성의 차이는 생물학적 요인에만 의한 것이 아니라, 사회문화적으로 성에 따른 상이한 경험세계, 즉 특정 사회구조 내의 차별적 메커니즘을 경험하면서 구조화된 것이기도 하다. 여성 사회학자들은 성별에 따른 행동 유형 및 성격적 차이란 생물학적 결정요소와 사회문화적 요인 간의 복합적인 상호작용에서 그 근거를 찾을 수 있다고 제시한다. 생물학적 관점에서 볼 때 재생산의 기능에 있어서 남녀가 서로 다른 역할을 한다는 것은 남녀가 서로 다르게 심리적 발달을 하도록 영향을 줄 수 있다는 것이다.

'남성성masculinity', '여성성femininity'이라는 규범적 내용은 일반적으로 사회구성의 원리로서 각 부분 영역에 내면화되어 있다고 보는 것이 일반적 견해이다. 여성성은 여성 지향적 가치를 갖고 있는 특성으로서, 약하고, 감정적인 성향을 갖고 있는 것을 의미한다. 여성성은 예쁘고, 순종적이고, 적대적이지 않고, 지배성이 낮으며, 순응적이고, 공포심이 많

---

1 이 연구의 과정에서 진행했던 '환경과 여성'이란 강좌에 참여하는 남학생들의 비율이 결코 낮지 않아 의외였다. 강의 초반에 '여성이란 무엇인가?'에 대한 질문을 던질 때 대부분의 학생들이 '어머니'라고 답하였다. 어머니를 여성의 대표로 여기고 있음을 알 수 있었다.

고, 남성에 비해 독립성이 낮다는 특성으로 나타난다.

반면, 남성성은 남성 지향 가치를 갖는 특성으로서, 신체적으로 튼튼하고, 비감정적이며, 활기 있는 성향, 합리적, 공격적, 경쟁적, 목표 지향적, 지배적이고, 의존성이 낮고, 자기중심적이며, 양육적 행동이 적은 특성을 갖고 있다고 본다.

둘째, 여성은 여성에 대한 억압과 소외로 인해 사회적 약자라 일컬어진다. 여성에 관한 논의에서 '여성에 대한 폭력', '빈곤의 여성화'가 시사하는 바와 같이 여성은 사회적 · 경제적 지위와 여건에 있어 취약하다. 이런 여성의 현실에서 비롯된 '여성은 사회적 약자이다'라는 전제는 여성인권의 보장이라는 논의에 힘입어 각종 여성정책과 관련 지원법 등을 마련하여 전개할 수 있게 하는 근간이 되고 있다.

이렇듯 여성은 사회적 약자라 일컬어지고 있으며 이를 해결하기 위해 사회는 나름대로 어떠한 형태로든 개선에 대한 노력을 하고 있다. 예컨대, 사회적 약자로서 여성의 삶이 어떠한지 파악하고, 보다 나은 삶을 위해 어떤 제도적 여건이 조성되어야 하는지에 대해 논의하는가 하면, 이를 실현하기 위해 각종 정책을 수립하고 전개하기도 하고, 또 관련 법제 · 개정을 통해 보다 확고한 지원책을 강구하고자 하는 일련의 행적을 보여오고 있다(임애정, 2009).

여성의 특성을 종합하면, 다음과 같이 제시할 수 있을 것이다.

낮은 경제적 소득수준

여성의 경제활동 참여율은 계속해서 늘고 있으나(2000년 48.8%, 2008년 50.0%), 남성(73.5%)과의 성별 경제활동 참가율 격차는 여전히 20%p 이상 높다. 성별 임금격차도 개선되었으나 남성 대비 여성의 임금 비율은 63.3%로 여전히 낮다. 이러한 성별 임금격차는 단순히 학력 수준이 아닌 다른 젠더적 요인이 작용하는 것으로 나타난다.

낮은 정치적 대표성과 의사결정 배제

우리나라 여성의 의회, 행정관리 및 전문기술직 등의 정치적 지위는 후진국 수준으로 평가되고 있다. 성평등 지수는 상대적으로 높은 수준인 것과 달리, 국제 성평등 지수 순위에서 우리나라는 2009년 성별권한척도GEM 61위, 남녀격차 지수 115위GGI를 차지하였다. 그러나 2010년 이후 바뀐 측정방식인 성불평등 지수GII에서는 10위를 차지하였다.[2]

이러한 국제사회의 평가 결과를 분석해 본다면, 우리나라는 사회의 제도적 노력이 나름대로 성과를 보이는 면이 있지만 실제적으로 사회적 약자로서의 여성의 위치는 좀처럼 변하지 않고 있다. 특히 이러한 사회적 약자로서의 여성에 대한 대우는 여성아동, 장애여성, 싱글맘, 저소득층 여성가장, 비정규직 여성 등에게 더욱 열악해진다.

누구든 어떤 여성이든 앞서 열거한 것 중 어느 하나에 속하게 되면, 여성 자신이 스스로 취약하거나 혹은 불행하다고 생각하는 것과는 무관하게 곧 취약한, 불행한 사회적 약자가 되어버리는 시스템이 유지되고

---

[2] 성별권한척도Gender Empowerment Measure, GEM: 각국 여성들이 정치 · 경제활동과 정책 과정에 적극적으로 참여하고 있는지를 계량화한 지수. 성별개발지수Gender Development Index, GDI : 평균 수명, 남녀 간 문자해독률, 교육 수준, 소득 및 의료 수준, 소득차 등 전반적인 면에서의 성평등 정도를 나타낸 지수. 성불평등 지수Gender Inequality Index, GII : 성불평등 지수는 2010년에 도입된 성별 차이를 측정하는 지표로 성평등에 따른 국가 내 성취와 기회의 상실을 포착하는 종합적인 척도.

있다. 이런 점에서 현재의 여성에 대한 복지정책이라든가 관련법 제·개정이라든가 하는 제도적 지원만으로 여성이 사회적 약자의 상태에서 벗어나게 할 수 없음을 인정하여야 할 것이다.

더욱이 여성이 사회적 약자로부터 벗어나기 위한 관련 정책과 법의 지원을 받는 당사자가 되는 것이 사회적 약자에서 벗어날 수 있는 충분한 방안이 되고 있는지에 대하여는 다시금 생각해 보아야 한다. 이는 현재의 법과 정책적 지원시스템이 사회적 약자로서 여성이 자신의 '취약함'을 보완해 줄 '적절한' 지원과 지지를 받을 수 있도록 운영되고 있는가에 대한 질문을 발전시킬 필요성이 있다.

사회적 약자로서 여성이 관련 정책과 법의 당사자가 된다는 것은 그 보호와 지원의 대상이 되는 것을 의미한다. 또한 이때의 보호와 지원의 근거가 되는 취약함은 개별 여성 스스로 그러하다고 여기는 '특정의 취약함'과는 무관하게 이미 정책과 법 집행자가 선정하고 있는 '보편의 취약함이 규정되어 있음'을 통해 정의된다. 따라서 법에서 보호와 지원의 근거로 삼고 있는 취약함은 바로 '그 사회가 규정하여 제시하고 있는' 취약함이며, 관련 정책과 법은 이러한 취약함을 규정하고 제시함으로써 사회적 약자로서의 여성의 범위를 제한한다.

소비자로서의 여성

'여성은 세계적으로 가장 큰 소비자 집단'(Beckmann, 1997; Hemmati, 2010; Wells and Sim, 1987)이다. 모든 국가, 모든 계급, 모든 집단의 남녀 모두가 소비자이지만 여성은 자기 자신만이 아니라 다른 사람들을 위해 구매하기 때문이다. 즉, 여성들은 자신이 구매한 모든 것을 사용하지는 않지만 가족이나 친지, 주변 사람들이 소비하는 다양한 물건을 구매하는 행위자의 역할을 한다.

여성들은 물건을 선택하고 구입하며 사용하고 처분하는 소비의 전 과정에 참여한다. 특히, 우리 사회에서 현재 가정 경제의 지출에서 중요한 결정권을 가지고 있는 여성들의 다양한 역할과 기여가 필수적으로 요구되고 있다.

여성들은 가정생활에 있어서도 일상적으로 필요한 생필품에 대해 무엇을 구매할 것인지를 선택하고 그 물품들을 직접 구입한다. 영국의 경우 여성들은 소비 품목의 80% 정도를 선택하며(Mawle, 1996), 미국에서도 여성들이 구매와 소비 품목의 결정, 선물 구매, 사용한 물품의 처분 등에서 주요 역할을 담당하고 있다(Costa, 1994). 이러한 경향은 한국에서도 다르지 않다. 한국의 경우 최근 20여 년간 성별 분업 관념이 약화되어 왔음에도 불구하고 여성이 한국 사회에서 주요한 구매자이며, 구매대상을 선택하는 주요 행위자임은 부인하기 어렵다.

최남숙(1994)에 따르면, 가정생활에서 실천할 수 있는 구매행동과 관련된 환경보전 행동으로는 포장 없는 구매, 일회용품 자제, 재활용품 구매 등이 있으며, 가정에서의 환경보전 행동 내용으로는 환경파괴를 방지하는 식생활, 수질오염을 방지하는 조리·세탁·목욕, 에너지를 절약하는 냉장과 청소 등이 있다. 하지만 좀 더 면밀히 살펴보면 이러한 활동들은 모두 에너지 소비와 연결되어 있다.

제품의 생산과 수송, 소비와 폐기의 전 과정에 에너지가 투입되기 때문이다. 단순히 농약과 비료를 적게 쓰거나 쓰지 않는 무농약, 저농약, 나아가 유기농 제품만이 아니라 이러한 제품들의 생산에 어느 정도의 에너지를 투입하였으며 어느 정도의 거리에서 수송된 제품이냐에 따라 이러한 제품의 소비에서 야기되는 에너지의 소비 정도는 달라진다. 또한 조리, 세탁, 목욕 등의 활동은 단순히 물이란 자원을 얼마나 적게 쓰느냐, 어떤 세제를 사용해서 수질에 어느 정도 영향을 미치느냐의 문제에서 끝나는 것이 아니라 물의 생산과 수송, 정수의 모든 과정에 에너지가 수반되므로 이러한 활동은 수질의 문제만이 아니라 에너지 문제와 연결될 수밖에 없다.

그러나 전통적인 남녀의 가사노동 분업체계가 상당부분 해체되거나 약화되어 감에도 불구하고 아직도 여성이 이런 활동을 더 많이 맡고 있는 것이 사실이다. 전업주부는 물론이거니와 직장여성의 경우에도 배우자에 비해 더 많은 가사노동을 하고 있으며 가정관리의 주요 주체이다. 성별로 역할이 나뉘기보다 좀 더 형평성 있게 가사와 육아활동이 분담되어야 한다는 당위성에도 불구하고 아직 우리 사회에서는 여성이 더 많은 역할을 하고 있는 것이 현실이다.

양육자로서의 여성

환경문제의 진정한 해결을 위한 인식 및 태도의 변화와 실천은 공시적 · 통시적 차원의 통합이 전제되어야 하는데, 여기에서 재생산자로서의 여성의 매개 역할, 즉 현세대와 미래세대를 연결시키는 존재로서의 여성의 역할이 중요하다. 여성은 미래세대를 낳아 기르는 존재로서 자신의 자녀를 통해 미래세대의 욕구를 대변할 수 있는 능력을 지니고 있다.

이를 발휘하기 위해서 여성들은 어린이의 일차적 보호자이자 양육자로서 환경문제를 폭넓은 시각에서 파악하고 이에 대처하는 능력을 길러야 한다. 특히, 성장 초기 단계에 있는 어린이들은 주위로부터 자신을 보호하는 능력이 부족하므로 환경 위험의 예방과 해결에 있어 양육자인 어머니의 역할이 결정적이다. 자녀와 어머니 간의 이러한 유기적 관계는 자녀의 출생 이전까지 확대된다. 태아는 산모가 처한 환경의 영향을 받으며 이후 성장 과정에서도 여러 종류의 환경 위험이 어린이의 건강을 좌우한다. 이러한 사실이 소홀히 다루어질 경우 상당한 해를 일으킬 수 있는 물질에 무심코 어린이를 노출하는 결과를 낳을 수 있다.

생산자로서의 여성

환경과 여성의 밀접한 관련성에도 불구하고 직장인으로서, 생산자로서의 여성이 환경보전을 위하여 어떠한 역할을 할 수 있는지에 대해서는 거의 논의가 없었다. 국내의 경우만 보아도 여성의 경제활동이 날로 증가하는 추세인 만큼 여성의 역할을 가정 내, 소비자의 역할에 한정 짓는 사고는 시정되어야만 한다고 여성론자들은 주장한다.

한 연구 조사에서 환경보전을 위하여 직장에서 하고 있는 일을 물었더니 분리수거, 일회용품 사용 줄이기, 사무용품 절약 및 재활용 등의 개인 차원의 환경윤리적 행동에 관한 내용들이 압도적으로 많았고 오염재료의 사용 줄이기, 오염물질 자체처리를 위한 시설 투자 등 청정생산에 관한 내용은 14.4%에 지나지 않았다. 직장에서 환경보전을 할 수 있는 일은 사실 개인 차원의 환경윤리적 행동을 제외하면 나머지는 직장의 성격(생산공장이냐 사무실이냐, 생산되는 제품은 무엇이냐 등)에 따라 크게 달라지므로 여기서 일반화된 하나의 결론을 제시하기는 어렵다.

지역주민으로서의 활동

개인적인 차원에서의 행동 변화도 물론 중요한 의미를 지니지만, 환경활동이 사회적으로 보다 확산되어 일반적인 규범으로 자리잡기 위해서는 조직적인 뒷받침이 필수적이다. 이러한 면에서 지역 차원의 실천은 '지역community'이라는 공통요소를 중심으로 여러 주민들이 일상생활에서도 공동의 목적을 추구하기 위해 활동할 수 있는 장을 마련할 수 있으므로 큰 의미를 지닌다. 특히, 지역주민의 만남을 주도하는 여성들은 이를 통해 환경에 대한 관심을 자연스럽게 환기시킬 수 있으며 나아가 환경행동을 지지할 수 있는 일상적 기반을 조성할 수 있어 사회 · 문화적 변화를 위한 저변 확대에 결정적으로 중요한 기능을 할 수 있을 것이다.

조직적 차원의 이러한 활동은 환경문제에 관심이 있는 주민들을 규합함으로써, 또는 굳이 환경에 특화된 경우가 아니더라도 지역을 중심으로 한 모임에서 환경과 관련된 활동을 포함시키고 이를 다양화함으로써 이루어질 수 있다. 후자의 경우 예를 들어, 지역에서 반상회나 부녀회 등을 통해 쓰레기 분리수거와 재활용 등을 위한 활동을 벌이고 있으며, 자녀가 다니는 학교를 중심으로 환경활동을 위한 네트워크가 형성되기도 한다.

에코페미니즘

개념

현대의 환경위기는 인간에 의한 자연 지배에 기인할 뿐만 아니라 남성에 의한 여성 지배에 의해 강화되고 촉진되고 있기 때문에 인간과 자연

의 조화와 공생을 주장하는 생태주의는 여성주의와 결합되어야 한다는 사상적 입장이다.[3]

에코페미니즘eco-feminism(생태여성주의)은 생태학ecology과 여성주의 feminism의 합성어로 여성해방과 자연해방을 동시에 추구하는 이론이면서 운동이다. 1980년대 이후 생태여성주의는 자유주의적 생태여성주의, 문화적 생태여성주의, 사회적 생태여성주의 등으로 분화하고 있다.

자유주의적 생태여성주의란 환경문제가 자연자원의 급속한 개발, 환경오염물질 규제 실패 등으로 생겨난 것이기 때문에 여성들에게도 남성과 동등한 기회가 주어진다면 과학자, 자연관리자, 법률가, 의원 등이 되어 자연보전과 삶의 질 향상에 기여할 수 있다는 입장이다.

문화적 생태여성주의는 여성, 자연, 육체, 감정 등 남성적 문화에서 폄하되었던 것들을 재평가하고, 찬미하고 옹호하면서 폭력, 지배, 정복을 특징으로 하는 남성적 가치에서 평화, 조화, 상생을 특징으로 하는 여성적 가치로 나아가야 하며, 갈등 대신에 협력, 대립 대신에 관계, 권리와 의무 대신에 배려를 강조하는 돌봄의 윤리ethics of care를 주장한다.

반면 사회적 여성주의자는 인간에 의한 자연파괴는 '남성적 가치 대 여성적 가치'에 원인이 있는 것이 아니라 사회적 원인 또는 메커니즘 때문에 일어난 것으로 본다. 즉, 자본주의 및 시장원리가 자연과 여성의

---

3 프랑스 작가 드보느F. d'Eaubonne(1920~2005)가 이 용어를 1974년 처음 사용한 이래 여성운동, 평화운동, 환경운동 등에서 널리 사용되고 있다. 1980년 3월 애머스트에서 열린 최초의 에코페미니스트 회의에서 반핵 반전 운동의 제창자 가운데 한 사람인 킹Y. King은 "기업전사들에 의한 지구와 생물의 파괴, 군인의 핵에 의한 멸종 위험은 여성들의 신체와 성에 대한 권리를 부정하는 남성주의적 정신이며, 그것은 복잡다양한 지배체제와 국가권력에 바탕을 두고 있다"고 주장하였다.

재생산활동을 부정하면서 여성, 자연, 원주민 등 다른 문화와 계급을 끊임없이 착취하는 데서 비롯된다는 것이다.

따라서 마리아 미즈M. Mies와 반다나 시바V. Shiva(1993)는 에코페미니즘에서 생태여성주의자들은 지역적·전 지구적으로 정치, 경제, 문화와 관련된 성gender에 관심을 가져야 하며, 수많은 다른 집단과 연대하여 신자유주의적 세계화와 낡은 분리 지배 전략에 맞서야 한다고 주장한다. 독일의 사회과학자이면서 페미니스트운동가였던 마리아 미즈와 자연과학자이면서 환경운동가였던 반다나 시바는 지구상에 존재하는 모든 것의 다양성과 상호 연관성이 생명의 기반일 뿐 아니라 행복의 원천임을 보여주고자 했다. 자연생태계와 인간을 하나로 보고, 생명의 가치, 평등한 삶의 가치를 실현하고자 하였다.

또한 지금까지 남성 중심·서구 중심·이성 중심의 가치와 삶의 방식이 세상을 지배하면서 황폐화시켰다고 주장하면서 이를 뒤바꾸려는 실천지침을 제시하였다. 이것은 여성의 억압과 자연의 위기가 동일한 억압구조에서 비롯되었다는 비슷한 속성을 가지고 있다고 보고 이 문제를 동시에 해결해야 한다는 의식에서 출발한다. 남성이 곧 문명이고, 여성이 자연이라고 볼 수 있지만, 남성과 인간문명을 타도 대상으로 보는 것이 아니라 남성과 여성, 자연과 인간문명은 처음부터 하나였다고 보고, 이들의 어울림과 균형을 통해 모든 생명체의 통합을 강조한다(두산백과, 2017). 따라서 에코페미니즘은 여성과 환경문제는 그 뿌리가 남성 중심의 억압적 사회구조에 있다는 전제에서 출발하여 성性의 조화를 통해 모든 생명체가 공생할 수 있도록 하자고 주장한다.

에코페미니즘의 특징

에코페미니즘은 다음과 같은 특징을 갖는다.

첫째, 현재 우리들이 가지고 있는 자연과 여성의 이미지는 동일하다는 합의이다. 즉, 자연과 여성은 '생명 출산', '가계를 돌봄', 그리고 '혼돈스럽고 무질서한 파토스적 존재' 등의 속성이 있는 존재로 생각한다는 것이다.

둘째, 자연이 인간에 의해 취급받는 방식과 여성이 남성에 의해 취급되는 방식이 유사하다는 점이다. 즉, 양자 모두 자신의 가치를 박탈당하고 유용성이란 측면에서만 취급되거나, 경제적 논리가 깔려 있는 식민화 방식에 의해 원료 혹은 상품 등으로 취급되거나, 주체성이 상실된 '타자'의 위치에 놓여 있다고 본다.

셋째, 에코페미니즘은 여성 영역으로서 가정이 가지고 있는 특성, 그리고 여성 노동력으로서 재생산 노동이란 특성을 가정에서 경제 영역이나 정치 영역으로 확대시킬 가능성에 대해 논한다.

넷째, 여성과 자연 파괴를 야기하는 원인이 가부장제적 구조나 그 지배적인 문화와 밀접한 관련을 맺는다고 생각한다.

다섯째, 에코페미니즘은 대안적 세계로 이원론, 가치 차등주의, 도구주의 등을 극복한 세계, 혹은 이원적 세계를 인정하되 경쟁이 아닌 상보적 · 상생적 관계가 우선인 세계를 그리고 있다.

여섯째, 이러한 세계에 도달하기 위해 현재의 발전 개념에서 벗어나야 한다고 주장한다.

에코페미니즘은 여성의 특성을 우리가 일반적으로 생각하는 그런 부분에만 한정하는 것이 아니다. 자연이 고정불변의 것이 아니듯이, 우리가 알고 있는 여성의 일부 특성이 여성의 전부인 것처럼 생각하는 것은 잘못되었다는 것이다. 에코페미니즘에서 보는 여성성은 직관, 모성, 보육, 감성뿐 아니라 생명력, 다양성, 역동성, 순환성이며, 이것은 이제 우리가 자연을 바라볼 때 필요한 시각이기도 하다.

에코페미니즘이 보는 여성의 특성

그러고 보면 여성과 환경은 매우 밀접하다. 여성은 아이를 낳는 역할을 맡고 있고, 인간사회에 물들지 않은 인간과 가장 가까운 위치에 있는 '어머니'가 될 수 있다. 자연의 생명력, 생산성의 특성을 갖고 있는 것이다. 또한 여성들이 주로 임산물 채취 등 자연과 가까운 활동을 많이 해왔으므로 자연과 매우 가깝다.

신체적으로도, 사회의 입지로도 약자인 여성, 그리고 그녀들이 돌봐야 할 아이들은 환경오염 앞에서 제일 먼저 피해자가 될 수밖에 없다. 체르노빌 원자력 발전소 사고 이후 기형아를 낳게 되고 아이들이 심한 괴로움을 갖자 여성들은 단체를 조직하여 대항한다. 숲을 파괴하는 일에도 그 숲에서 생계를 유지하던 여성들이 나무 앞에 서서 벌목꾼들을 막아낸다.

'여성이 자연과 밀접하게 있다' 그리고 '환경오염에서 제일 크게 피해를 느낀다'라는 특성 때문에 여성의 환경운동은 자연스럽게 일어난다. 에코페미니즘이 여성과 환경운동을 같이 유심히 보는 이유 중 하나이다.

에코페미니즘은 환경파괴를 일으키는 것과 성차별이 있는 것이 현대의 지배적인 생각에서 일어난 것이라고 여긴다. 에코페미니스트들이 기

반다나 시바와 칩코운동

제3세계인들의 노벨상으로 알려져 있는 '바른생활상The Right Livelihood Award'(올바른 삶을 기리는 상이라는 뜻)을 수상했다. 환경, 여성인권, 국제문제에 관심이 많다. 원래는 핵물리학을 전공했으나, 서구 과학기술과 정책의 문제점을 깊이 인식하고 생태운동을 시작하게 되었다.

반다나 시바

양자역학을 공부한 물리학자였던 반다나 시바가 처음 환경운동에 뛰어든 것은 '칩코운동(Chipko Andolan, 인도어로 '껴안다'는 뜻)'에 참여하면서부터다. 1973년부터 시작된 인도의 칩코운동은 벌목 위기에 처한 숲의 나무를 여성들이 한 그루씩 껴안고 "먼저 나의 등을 도끼로 찍으라"고 외치는 행동 시위로, 반다라 시바의 고향인 데라둔 인근의 히말라야 산맥이 또한 개발의 위기에 처했을 때 그녀는 고향 마을의 여성들과 함께 칩코운동으로 지켜냈다.

대표 저서로는 *The Violence of Green Revolution*, 누가 세계를 약탈하는가, 물 전쟁 등이 있다.

출처 : 해외저자사전(2014).

대하는 것이 이러한 '가부장적인 사상'을 여성이 무너뜨리는 것이라 하는데, 그 존재가 반드시 여성일 필요는 없다. 그러나 여성들이 일어날 필요가 있는 것은 사실이다.

현실사회에서 에코페미니즘을 전 세계에 알린 운동은 인도의 칩코운동이다. 칩코란 그 지역어로 '끌어안는다'는 뜻으로, 히말라야 가르왈 지역의 여성들이 벌목회사에 맞서 숲을 지킨 운동이다. 영국이 군사용으로 인도의 목재를 착취하기 시작했을 때 가르왈 여성들은 자신들을 보호해 주고 삶의 원천이었던 살아 있는 나무들을 품에 안고서 끝까지 숲을 지켜냈다.

숲과 물이 사라져가는 것은 구릉 지역 여성들에게는 생존의 문제였기 때문에 그들의 숲과 물과 자원을 파괴하는 상업적 임업에 저항했던 것이다. 처음에 과학자로서 참여한 반다나 시바라는 여성은 후에 에코페미니즘을 집필하면서 이 사례를 통해 에코페미니즘이 어떻게 현실을 분석하는지를 보여줬다. 즉, 제3세계에서 진행되는 개발사업은 성차별 이데올로기를 기반으로 과학적·경제적 패러다임을 다른 문화적 토양을 가진 공동체에 강제로 덧씌우는 것이다.

따라서 개발 프로그램은 자연을 침범할뿐더러 여성의 경제적·내면적 힘을 침해하면서 여성의 빈곤과 위기를 낳으므로 이 같은 개발은 즉시 중단돼야 한다. 결론적으로, 에코페미니즘에서는 제3세계 원주민 여성들이 오늘날 전 지구적으로 급박하게 요구되는 생태적 감수성과 생태적 지혜를 고스란히 간직하고 있기 때문에 왜곡된 위기상황을 극복할 수 있는 주체로 본다.

생태 위기와 세계화의 대안으로서의 에코페미니즘

에코페미니즘은 환경파괴로 인한 생태 위기와 거침없는 폭주로 인간의 삶을 위태롭게 하는 세계화에 대한 대안이 될 수 있는가? 대안으로서의 에코페미니즘 운동은 인도의 칩코운동이 우리에게 주는 시사점을 통해 생각해 볼 수 있다. 그 사례에서 추출할 수 있는 세 가지 키워드는 여성, 생명, 지역이다. 이 키워드를 참고해서 향후 미래사회가 추구하여야 하는 모습에 질문을 던져본다. 에코페미니즘 운동은 에코페미니즘 고유 영역인 가부장제로 파괴된 여성의 몸과 마음을 치유하고, 지역의 삶터에 근거해서 무자비한 개발주의에 맞서 지역을 지켜 지배와 착취가 아

에코페미니즘 관점에서의 미야자키 하야오의 작품세계

일본 애니메이션 감독 겸 제작자인 미야자키 하야오는 자신의 작품들 안에서 일맥상통하는 진지한 주제의식과 본인만의 심도 있는 고찰을 그려 세계적으로 그 작품성을 인정받았을 뿐 아니라 엄청난 흥행성마저 지닌, 일본 애니메이션을 대표하는 거장 중 한 명이라고 할 수 있다. 따라서 미야자키 하야오에 대한 연구는 크게 작품성과 흥행성 면으로 인문학, 사회학, 경제학 등 여러 분야에 걸쳐 다양하게 이루어져 왔다.

미래소년 코난

또한 그의 작품에서 가장 두드러지는 특징들인 소녀 주인공과 전쟁이나 환경문제에 대해서도 역시 여러 접근법을 볼 수 있는데, 보통 소녀 주인공이라는 특징은 미야자키의 어머니에 대한 존경과 사랑 또는 일본 내 여신 신화를 접목하여 기계문명이나 전쟁으로 인한 환경문제를 다룸에 있어서 전후 세대인 미야자키의 삶과 자연에 대한 애정을 언급하고 있음을 알 수 있다.

따라서 본 연구는 심층적 에코페미니즘적 시각에 근거하여 미야자키 하야오의 작품 요소들을 분석해 볼 것이며, 이것이 일본의 거장 미야자키 하야오의 작품은 물론, 다른 애니메이션의 작품을 해석하는 데 있어서 하나의 다른 시야를 제안한다는 것으로서 의의를 삼고자 한다.

닌 공존과 돌봄의 가치로 지역을 되살릴 수 있을 것인가?

본 연구는 여기서 더 나아가, 미야자키 하야오의 소녀 주인공과 전쟁, 환경문제에는 따로 분리되지 않는 긴밀한 연관성이 있다고 생각하기에 이르렀으며, 그것은 바로 에코페미니즘적 시각이라고 보게 되었다. 에코페미니즘이란 한마디로 정의하기는 힘들지만 거칠게나마 요약하자면, 자연이 문명과 관계되는 방식과 여성이 세계와 관계되는 방식이 동일, 또는 긴밀하다고 보는 여성학의 한 갈래이다. 현재 애니메이션의 위상이 나날이 높아지고 하나의 어엿한 예술로 인정받는 분위기 속에서 애니메이션을 해석하는 시각과 주제가 다양해지고 있으나 사실상 상업 애니메이션은 영화, 또는 소설이나 시 등의 문학작품에 비해 연구의 시각이 비교적 협소했던 것도 사실이다.

성주류화 담론

베이징 행동강령(1995)에서는 성주류화gender mainstreaming를 '체계적인 절차와 메커니즘을 향한 도약을 의미하며 젠더 이슈를 정부와 공공기관의 모든 의사결정과 정책실행에 고려하여야 하는 것'으로 정의하고 있다. 유엔경제사회이사회ECOSOC(1998)는 주류화를 '모든 정치적 · 경제적 · 사회적 영역의 정책과 프로그램에 대한 디자인, 실행, 모니터와 평가에서 여성과 남성의 관심과 경험을 통합함으로써 여성과 남성이 동등하게 혜택받고 불평등이 조장되지 않도록 하기 위한 전략이며, 그 궁극적인 목적은 성평등을 이루는 것'으로 정의하였다.

　성주류화란 사전적으로 '여성이 사회 모든 주류 영역에 참여해 목소리를 내고 의사결정권을 갖는 형태로 사회시스템 운영 전반이 전환되는 것을 말한다. 정치 · 경제 · 사회적 정책을 통합적 차원에서 기획 · 실행 · 감시 및 평가함으로써 여성과 남성이 동등한 혜택을 누리고 불평등이 발생하지 않도록 하는 전략으로, 그 궁극적 목적은 양성평등gender equality을 이루는 데 있다. 성주류화의 과정은 여성이 사회의 모든 분야에 동등하게 참여하고 의사결정권을 갖는 것을 의미하는 여성의 주류화mainstreaming of women, 젠더 관점의 주류화mainstreaming of gender, 주류의 전환

transforming the mainstreaming을 포함한다.

여성의 주류화는 정치적인 문제로서 사회의 모든 분야에서 여성이 동등하게 참여하고 의사결정권을 갖는 것을 의미한다. 여성들도 성맹gender -blind(성별 관계에서 비롯되는 문제를 인지하지 못하는 것을 의미함)일 수 있으므로 여성의 주류화가 젠더 관점의 주류화를 담보하는 것은 아니다. 따라서 젠더 관점의 주류화를 위한 기술적인 접근이 필요하다.

젠더 관점의 주류화는 보다 기술적인 측면으로, 정책이나 프로그램이 어떻게 여성과 남성에게 다르게 영향을 미치는가를 검토하고 성 관점을 통합하도록 하는 것을 뜻한다. 여성의 주류화가 젠더 관점의 주류화보다는 상위 개념적이라고 볼 수 있다. 여성이 정치 및 법 분야에서 거의 배제되다시피 한 국가의 경우 성 분석은 주류를 변화시키고 여성을 의사결정 지위로 진입하게 하는 첫걸음이라고 할 수 있다.

주류의 전환, 즉 주류의 젠더 구성을 바꾸는 과정은 반드시 주류 자체의 특성과 제도의 근본적인 전환으로 연결되어야 한다(Corner, 1999). 주류의 전환은 일부의 여성이 토큰으로 정책에 참여하는 것이 아니라 여성이 정책의 전 과정에 동등하게 참여하고, 그 결과로 주류가 전환되는 것을 의미한다.

종합하자면, 성주류화란 정책 전반에 성평등적 시각을 반영하고자 하는 것이다. 오래전부터 우리 사회에서 성인지 또는 성주류화 관점을 공공정책에 도입시키려는 움직임이 여성계를 중심으로 꾸준히 이뤄져 왔다. 양성평등이나 성차별 배제와는 달리 성주류화는 단순한 양적 평등이 아니라 공공정책을 수립하는 과정에 사회문화적 성에 대한 인식이 개입돼야 하고, 제도적으로도 성평등과 성적 특이성에 대한 의식적 배려가 정책 수립과 집행 과정에 부단히 적용될 수 있도록 할 방안을 마련한다는 개념을 포함하고 있다. 이를 통하여 진정한 의미에서의 양성성을 사회적 평등에 포함시킬 수 있기 때문이다.

이와 같은 성주류화에 따른 연구의 다양성을 확보하기 위하여 여성환경연대(2003)는 서울의제 21을 성인지적 관점에서 평가하는 작업을 수행한 바 있다. 이 평가에서는 성평등이 지속가능한 도시 발전의 기반이라는 전제 아래 여러 시민집단 간의 형평성과 평등성 문제에서 특히 성gender에 관심을 두고 출발하였다. 서울의제 21이 실천력을 담보하기 위해서는 시민의 절반을 각각 구성하는 남성과 여성의 차이를 보는 것이 우

▶ 표 3-1 **서울의제 21 성 분석틀**

정책 단계	분석사항	분석방법
기획 단계	(1) 서울의제 21을 이슈화하는 과정에 여성과 남성 차이를 고려하여 문제를 파악하고 제기하였는지? (2) 기획 과정에 여성 참여기회에 대한 고려 여부와 고려 내용은?	− 서울의제 21 작성에 참여한 위원 심층면접조사 − 서울의제보고서, 녹색서울시민위원회 인터넷 홈페이지 분석
작성 단계	(3) 여성과 관련된 어떤 목표를 설정하였는가? (4) 성별 차이와 성별 영향을 고려한 의제 내용이 있는지?	
실천집행 단계	(5) 여성을 위한 사업예산 편성 수준	
성과평가 단계	(6) 여성 관련 성과목표 달성도 (7) 서울의제 21이 여성 능력 향상, 사회 참여, 성평등에 미친 영향은? (8) 평가 결과가 서울의제 21의 수정계획에 어떻게 환류되었는지?	− 본 연구 대상에는 포함되지 않음

출처 : 여성환경연대(2003).

선적으로 필요하다는 판단에서였다. 의제작성 초기단계부터 성 관점을 통합하면 의제 21 내용에 성 형평성과 성 평등성이 반영될 가능성이 커지고, 결과적으로 의제 21이 성 형평성과 평등성에 기여할 가능성이 높다고 보았기 때문이다.

김양희(1993)는 환경정책에 여성정책의 새로운 패러다임으로 대두한 개념인 '성주류화' 개념을 통합하여 '환경정책의 성주류화' 모형을 제시하였다. 이에서는 환경정책의 성주류화 개념을 정립하고, 이를 위하여 환경정책을 대상으로 한 성 분석의 필요성을 제기하였다.

이러한 활동들은 환경 분야의 정책의 성주류화가 이루어지기 위해서는 환경 분야의 여성의 주류화가 이루어져야 함을 의미한다. 즉, 환경관리 및 정책결정 과정에 여성 참여를 보장하는 것을 의미하는데, 이를 점검하는 지표에는 환경부 공무원 중 여성 비율과 지위, 환경 관련 각종 위원회의 여성 비율 등이 포함될 수 있다. 또한 환경 분야의 여성의 주류화를 위한 수단으로 고용차별 개선과 적극적 조치, 교육훈련을 통한 여성환경 전문가 양성, 리더십 훈련, 여성 환경 전문가 DB 구축을 들 수 있다.

여성의 국제적 논의

여성의 논의는 국제규범의 영향을 받으며 변화되어 왔다. 1992년 브라질 리우데자네이루에서 개최된 UNCED의 어젠다 21$^{Agenda\ 21}$의 원칙 20에서 여성은 환경관리 및 개발에 있어서 중대한 역할을 수행하도록 하며, 지속가능한 개발을 달성하기 위해서는 여성의 참여가 필수적이라고 명시하고 있다.

여성의 기후변화 취약성을 줄이고 적응 역량 강화를 위한 노력은 유엔 기구와 주요 선진국의 지원을 중심으로 다양하게 이루어지고 있다. UNDP는 2007년 Asia-Pacific Gender Community of Practice를 출범시켜 성주류화에 필요한 정보 교류와 창구 기능을 하며 개발 과정에서 기후변화를 고려하고 궁극적으로 정책결정에서 양성평등이 이루어질 수 있도록 노력하고 있다.

여성의 사회경제적 권리와 환경정의 및 지속가능발전을 추구하기 위해 노력하는 NGO인 WEDO Women's Environment and Development Organization는 기후변화 완화에 대한 여성의 기여를 높이고자 온실가스 배출을 줄이는 방안으로 태양열 조리기구 관련 기술 등을 전 세계로 확산하기 위해 노력하고 있다. WEDO는 또 정부의 기후변화 관련 의사결정 과정에 있어 여성의 참여와 접근을 확대하여 양성평등을 보장할 것을 권고한다. EU는 2007년 기후변화에 가장 심하게 타격을 받지만 대처 역량이 부족한 국가를 지원하기 위해 GCCA the Global Climate Change Alliance를 출범시켰다.

GCCA는 전 세계적으로 협력을 확대하고 있으며 재해 위험 경감과 같은 기후변화 적응과 조림사업을 통한 온실가스 흡수와 탄소 시장에서의 참여 증진 등 기후변화 대응과 빈곤 경감을 위해 노력하고 있다. 또한 GGCA는 기후 영향에 대한 성인지적 접근을 위해 3단계 행동전략을 제시했다.

첫째, 기후변화 저감과 적응에 대한 성별 특성과 관련한 데이터와 정보를 종합적으로 검토·평가·분석한다.

둘째, 성별 에너지 소비 패턴과 에너지 방출 유형, 기후변화 영향에 대한 성별 영향 분석틀을 마련하고 기후변화 상관변수와 비상관변수를 규명한다.

셋째, 기후변화 저감 및 적응과 관련한 결과를 분석할 때 성인지적 관점을 도입하고 성인지 기준과 지표를 개발한다.

이러한 3단계 행동 전략은 젠더 관점을 기후변화 의제에 어떻게 반영할 것인가를 보다 구체화한 것이라 할 수 있다.

GCCA뿐 아니라 재생에너지원의 개발과 에너지의 지속가능성에 초점을 두고 지역사회와 지역의 민간 부문이 함께 일하도록 지원하는 EU의 국제협력은 여성이 수혜를 받는 경우가 많다. 그 한 사례를 소개하면 극심한 산림훼손으로 불모지대가 되어가고 있는 인도 아라발리 산악지대에서 지역 여성들과 함께한 EU의 녹화 프로젝트를 들 수 있다. 이곳에서는 여성이 주로 땔감을 구하고 사료와 음용수를 마련하는데 지역 여성들은 지역의 녹화사업과 공동자원의 친환경적 관리에 큰 관심을 가지고 협력하였다. 9년 후 약 4만 ha에 달하는 공유지는 성공적으로 녹화되어 82만 5,000여 명의 사람들의 생활조건을 향상시켰으며 결과적으로 이 프로젝트는 지역 여성의 사회적 지위 향상을 가져왔다.

여성의 기후변화에 대한 취약성을 줄이고 적응 역량을 강화하기 위해서는 기후변화 대응 주체로서 여성의 목소리를 키우고 역할을 확대할 필요가 있다. 이를 위해 기후변화로 인한 피해를 겪고 있는 지역 여성들과 기후변화와 여성 전문가 그리고 기후변화 관련 의사결정자들 간의 의사소통과 이해가 필요하다. 그러나 아직 유엔기후변화협약에서도 성인지적 관점의 접근이 충분히 채택되지 못하고 있는 실정이다. 이것은 양성평등적 관점뿐 아니라 기후변화 적응과 완화 방안 및 전략 개발에서 효율성과 효과를 충분히 발휘하지 못하는 한계를 초래한다. 그러므

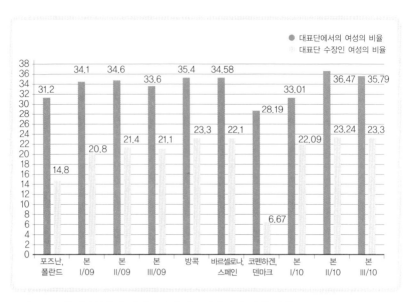

그림 3-1 유엔기후협약 당사국회의 대표단에서의 여성 비율

출처 : Gender CC(2016).

로 유엔기후변화협약 회의와 같은 주요 국제회의에 개도국 여성 대표도 함께 참여하여 성인지적 관점의 논의가 활발히 이루어져야 하지만 아직까지는 남성에 비해 여성 대표는 기후변화협약 회의와 같은 국제 협상에 충분히 참여하지 못하고 있다(그림 3-1).

이에 기후 관련 국제회의 협상과 합의 과정에서 성인지적 관점을 반영하기 위해 최빈국 여성 대표의 참여를 독려하고 정보 교환과 참석을 위한 재정 지원 등에 대한 필요성이 제기되었다. 이러한 점에서 2009년 구축된 WDF^Women's Delegate Fund는 의미 있는 기능을 수행하고 있다고 할 수 있다. WDF는 2010년 칸쿤 기후변화 당사국회의에 21명의 여성 대표단을 지원한 바 있다. WDF는 UNDP와 WEDO가 함께하는 GGCA^Global

Gender and Climate Alliance 프로젝트의 일환이다. 2011년 GGCA는 UNDP, WEDO, UNEP, IUCN 등이 함께 기후변화 대응에 있어 성주류화를 도모하기 위한 활동을 하는 협력체로서 젠더와 기후변화에 대한 교육과 훈련을 실시하고 지식 교류 네트워크를 구축하며 지역과 국가 차원의 기후변화 정책과 전략 및 프로그램을 수립하고 실행하는 역량을 배양하며 유엔의 재정 메커니즘이 기후변화 적응과 완화에 있어 빈곤층 여성과 남성의 필요를 동등하게 고려하도록 하는 등 다양한 방식으로 양성평등을 도모하고 있다. 이렇듯 여러 기구들에서 양성평등을 위해 여성의 참정권을 높여주고 기후변화 측면에서 약자인 여성들을 보호하는 움직임을 볼 수 있다.

동태적 인구 문제 및 지속가능성(원칙5)에서는 인구 추이와 요인을 고려하여 환경과 개발에 관한 통합정책 고려에 관한 사항들을 다루고 있다. 2016년 6월 20일 현재 전 세계 인구는 73억 5,000만 명으로 추정되고 있으며, 2020년경 세계인구는 80억에 이를 전망이다. 현재 인구의 60%가 해안에 거주하고 있으며, 몇몇 인구밀집 도시는 이미 해수면 이하에 위치하고 있는 상태임을 제시하고 있다. 인구변화 및 요인과 지속가능 발전과의 상관관계에 대한 사회적 인식이 필요하며 이를 위한 활성화 방안이 강구되어야 한다. 특히 정주 관련 정책의 수립 시에 여성이나 취약 그룹에 대한 관심과 함께 환경파괴로 인한 다양한 형태의 이주에 관한 정책 프로그램을 개발할 것을 권고하고 있다.

그리고 생물다양성 협약에서는 여성들이 생물다양성의 보전과 지속가능한 이용에 있어서 지대한 역할을 할 수 있음을 인식하고, 생물다양성 보전을 위한 정책결정 및 그 시행의 모든 과정에 여성의 적극적인 참

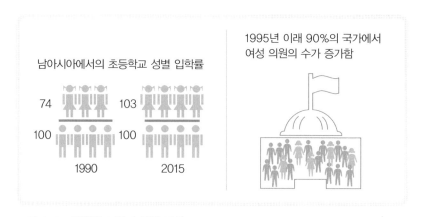

그림 3-2 **여성의 교육과 정치 비율**
출처 : 유엔(2015), The Millennium Development Goals Report 2015.

여의 필요성을 확인하고 있다. 이러한 필요성에 의해 2000년 유엔에서 채택되었던 새천년개발목표MDGs에서 양성평등 및 여성 능력의 고양을 위한 목표를 세웠다. MDGs의 목표는 전 세계 여성에게 일다운 일자리decent work를 제공하고 남녀 모두 동등하게 초등교육 전 과정을 이수할 수 있도록 하는 것이며, 2015년까지 모든 수준의 교육에서 성별 불균형을 없애는 것이었다. 또한 산모 사망률을 줄이며 모든 여성이 출산 시 건강관리를 받을 수 있는 권리를 확보하고자 하였다.

MDGs의 노력의 결과 2000년보다 2015년 개발도상국의 어린 여성들이 학교에 다닐 수 있게 되었다. 대표적으로 남아시아에서는 1990년에 남학생 100명당 초등학교에 입학한 소녀가 74명에 불과했으나, 현재 남학생 100명당 103명의 여학생이 등록하는 결과를 초래하였다.

또한 여성의 고용 부문에서, 전 세계적으로 여성은 농업 부문 외부의 유급 근로자의 41%를 차지하는데 이는 1990년의 35%에서 증가한 수치

그림 3-3 SDGs 상세목표

출처 : 유엔, https://sustainabledevelopment.un.org/

이다. 1991년부터 2015년까지 총 여성 고용의 비중이 취약한 고용층에서의 여성의 비율은 남성이 9% 감소한 것보다 많은 13% 감소했다. 마찬가지로 여성은 지난 20년 동안 174개국의 거의 90%에 해당하는 의회에서 대표성을 확보하게 되었다. 이는 같은 기간 여성의 의회 평균 비율이 거의 2배로 증가한 것이다. 이러한 여성의 발전은 Post 2015에서 더욱 구체화되고 강조되었다.

2015년 유엔의 2015 목표가 끝난 후 새롭게 설정된 지속가능개발목표 SDGs는 MDGs에서 제시하였던 8개의 목표보다 더 많은 17개를 설정함으로써 미래의 지속가능발전을 위해 실행해야 할 구체적 목표를 제시하고 있다.

SDGs에서 성평등을 강조하는 목표 5는 모든 형태의 차별을 철폐하고, 모든 형태의 폭력과 인신매매 그리고 악습을 근절하고, 모든 의사결정에 완전하고 효과적인 참여 및 동등한 리더십 기회를 보장하는 등의 세부목표를 세웠다. 이는 MDGs에서 추구하는 것과 별 구분이 없어보인다. 그러나 SDGs가 갖는 MDGs와의 차이점은 17개의 모든 목표를 이루기 위한 방법으로서 여성의 역할과 이를 위한 여성의 역량 강화를 강조하고 있다는 것이다. 예를 들어, 목표 4 '양질의 교육'에서는 성평등에 대한 교육을 강조하고 있으며, 목표 8 '일자리와 경제 성장'에서는 여성과 남성의 완전하고 생산적인 고용과 적절한 노동 그리고 동등한 임금의 지급을 제시하며, 목표 11 '지속가능한 도시'에서는 여성의 안전을 위한 도로 안전과 대중교통 확대의 세부목표를 설정하였다. 또한 2010년에는 여성환경연대인 WEN^{Women's Environmental Network}에서 기후변화 대응 정책에 젠더 관점을 통합하기 위한 세 가지 행동전략을 제안하고 있다 (Haigh, Vallely, 2010). 젠더 정의를 실현할 수 있는 기후변화 정책을 위해서는 다음과 같은 고려가 수반된다. 첫째, 기후변화 완화에 대한 성인지적 전략을 수립해야 하고, 둘째, 젠더 불평등을 해결하여 여성들의 기후 부정의를 해소해야 하며, 셋째, 기후변화 적응에 대한 성인지적 전략을 수립해야 한다. 그리고 이런 전략 수립이 가능하자면 국가와 국제 수준의 의사결정체에 참여하는 여성의 수를 증가시킴과 동시에 이해당사자들이 젠더적으로 형평성 있게 구성되었는지를 감사하는 젠더 감사^{gender audit} 등의 제도 도입 또한 필요하다.[4]

---

4 젠더 감사의 주요 목적은 기존 조직 문화, 기관 구조 및 성주류화에 대한 다른 조직과의 연계를 조사하여 개인 및 사무 수준에서 조직 학습을 촉진하는 것이다.

제 **4** 장

기후변화와
여성의 관계

기후변화가 여성에게 미치는 영향

기후변화의 피해자로서의 여성

영국의 여성환경연대인 WEN은 기후변화에 따른 여성의 영향의 이슈를 크게 세 가지로 제시하고 있다(WEN, 2010).

첫째, 세계적으로 여성들은 불평등한 사회규범과 현상으로 인해 기후변화에 더 취약하다.

둘째, 여성들은 기후변화 해결에 기여하고 있지만, 기후변화에 더 많은 영향을 받고, 대응책을 결정함에 있어 소외받고 있다.

셋째, 기후정의 실현을 위해 모든 수준에서 여성들은 동등한 위치를 점해야 한다.

그리고 이 보고서는 매년 태풍이나 가뭄 등의 기상재해로 인하여 사망하는 여성의 숫자는 1만 명으로 남성의 2배에 달한다고 제시하고 있다. 기후변화로 삶의 터전을 잃고 고향을 떠나야 하는 기후 난민 중 여성이 차지하는 비율이 80%이다. 2004년 인도네시아 쓰나미 발생 시에 전체 사상자의 75%가 여성이었다고 한다. 남성에 비해 경제적으로 빈곤하고, 사회적 역할과 지위가 낮은 여성들은 더 큰 피해에 노출되어 있다. 재해의 여파로 발생하는 건강 문제와 노동 문제, 폭력 문제 등 2차적 피해를 받기 쉽다. 즉, 기상재해로 물과 식량, 연료 수집의 부담이 증가함에 따라 여성의 가사노동량이 증가하고, 재난 후 성폭력 등 폭력에도 노출되고 있는 실정이다(이유진, 2010).

오늘날 우리가 살아가고 있는 지구촌 사회는 갈수록 자연재난이 증가하면서 재산상의 손실만이 아니라 인명피해도 지속적으로 발생하고 있다. 기후변화에 관한 정부 간 협의체IPCC 제4차 보고서에 따르면 기후변화로 인해 갈수록 태풍, 폭염, 폭우, 홍수, 폭설, 한파 등 극단적인 기상이변이 자주 발생할 것이라고 한다.

세계보건기구WHO가 기상재해의 추세를 분석한 결과를 보면, 역사상 규모가 큰 기상재해는 대부분 지난 20년간 발생했으며, 최근 10년간 기상재해가 연간 7.4%씩 증가하고 있다고 한다. 이러한 재난이 발생할 경우 여성 사망자가 남성 사망자에 비해서 현저하게 높게 나타난다. Peterson(2008)이 1981년부터 2002년까지 세계 141개국에서 발생한 자연재난에 따른 사망자를 분석한 결과, 여성과 어린이 사망자가 남성의 14배에 달하는 것으로 나타났다(이유진, 2011).

아이와 노약자를 돌봐야 하기 때문에 여성은 긴급한 상황에서도 신속히 피난하기 어렵고, 교통상황이나 은신처, 재난과 관련된 다양한 정보 등 피난에 필요한 적절한 수단을 갖추고 있지 못하기 때문이다. Neumayer와 Plumper(2007)에 따르면, 여성의 권익이 잘 보장된 사회에서는 재난이 발생했을 때 남성과 여성 사망자의 비율이 거의 비슷하게 나타나지만 여성의 권익이 낮은 지역에서는 여성 사망자가 남성 사망자보다 더 많은 것으로 밝히고 있다.

환경정의적 관점에서 보면 일반적으로 환경문제는 세대 간 형평성을 저해할 뿐만 아니라 세대 내 형평성에도 부정적 영향을 미친다. 세대 내 형평성에서 성별, 연령별, 계급/계층별, 지역별, 국가별로 환경영향이 다르게 나타나며 해당 환경문제에 대응할 수 있는 능력 또한 이러한 집단에 따라 다르게 나타난다.

자연재해·재난, 환경오염과 악화, 이상기온 등의 환경·사회적 위험들에 취약하여 큰 피해를 입는 집단은 생물학적 범주로는 여성·아동·노인이고, 사회경제적 범주로는 빈곤층·사회적 약자이며, 지리적 범주로는 저지대·해안가와 열대 및 아열대 지역에서 생태계·공유자원에 의존하는 전통적인 생활양식을 유지하는 원주민·농어민이다.

이러한 관점에서 볼 때 기후변화라는 21세기 최대의 환경문제는 한 사회 내에서도 사회경제적·정치적 약자인 여성에게 보다 가혹한 영향을 미치며, 대응 능력에서도 여성이 보다 취약할 것임을 예상해 볼 수 있다. 특히 제3세계의 가난한 여성들은 그 지역의 취약성에 더하여 여성이라는 지위로 인해 기후변화에 더욱 취약할 것으로 예상된다.

따라서 여성의 지위가 낮은 제3세계에서는 기후변화가 여성에게 훨씬 더 가혹한 영향을 미치게 된다는 점을 추론할 수 있다. 또한 이런 긴급상황이 아니더라도 여성의 사회경제적 지위나 가정 내 역할로 인해 개도국 여성에게 기후변화가 미치는 영향은 치명적이다. 아프리카에서는 물을 긷고 땔감을 마련하는 일을 주로 여성이 담당하고 있는데 기후변화로 인해 가뭄과 물 부족 현상이 만연해지면서 이런 작업들은 훨씬 어려워졌다. 여성들이 가사노동 책임을 위하여 물을 긷고 땔감을 마련하기 위해 더 멀리 나가야 하기 때문이다.

이러한 문제들을 풀어나가기 위해서는 현재 진행 중인 제3세계에 대한 원조가 기후변화 문제 해결에 기여할 수 있도록 하면서, 더불어 기후변화 원조가 개도국 여성들의 평등한 삶을 실현하는 데 보다 기여할 수 있도록 성인지적 관점의 원조가 이루어질 수 있게 하는 제도화 방안이 요구된다.

그러나 이러한 문제가 사실 멀리 제3세계만의 문제는 아니다. 우리나라에서도 빈곤 여성에게는 기후변화가 훨씬 가혹할 수 있다. 기후변화에 대한 취약성에 영향을 미치는 변수들은 장소(위치와 자연재난 유형과 빈도), 성과 연령(부실한 건강, 재정자원, 가정과 직장의 질, 이동성), 세력화(체계와 지원, 사회연결망, 인식과 행동) 등으로 구분된다. 이러한 변수들에는 '성'이 포함되며 다른 변수들에 있어서도 여성일수록 이러한 변수들의 값이 더 낮게 나타나기 때문에 여성은 한층 취약하다고 할 수 있다.

상류층 혹은 중산층 여성의 경우에는 기후변화의 위험으로부터 남성 못지않게 보호받을 가능성 또한 높다는 점에서, 기후변화에 대한 취약성도 상대적으로 낮을 수 있으며 적응 능력 또한 상대적으로 높을 수 있다. 즉, 여성 일반이 아니라 사회경제적·정치적 지위를 고려하여 기후변화와 여성의 문제를 다루어야 한다.

기후변화의 부정적 결과들은 대부분 젠더 평등 문제와 밀접하게 연관된다. 유엔 여성기구UN Women가 운영하는 유엔 Women Watch는 농업·식량위기, 생물다양성, 수자원, 건강, 이주 및 정착의 측면에서 기후변화가 젠더에 미치는 영향을 소개한다. 기후변화와 젠더의 관계를 다루는 거의 모든 보고서들은 공통적으로, 여성이 기후변화와 관련된 재앙들로 인해 사망 위험이 높고, 그 재앙의 여파로 인한 노동량 증가, 소득 감소, 건강 문제, 폭력 문제들로 고통받는다는 점을 지적한다.

기후변화와 이로부터 발생하는 여러 재앙들 역시 이와 유사하게 인류에게 공평하지 않은 지극히 비민주적이고 성차별적인 특징을 보인다. 특히 여성들은 세계 빈곤 인구의 70%를 차지하기 때문에 이중, 삼중의 고통에 노출되어 있다. 따라서 기후변화에 따른 환경·사회적 위험 대응에 성인지적 전략을 세우는 것이 중요하다.

이러한 측면에서 기후변화와 여성에 대한 연구·조사는 주로 기후변화에 대한 여성의 취약성에 초점이 맞춰져 있고, 부분적으로 여성의 기후변화 대응전략을 다루고 있다. 전자의 경우 대부분 남반부를 대상으로 하는 연구에 집중되어 있으나, 유럽의 폭염과 미국의 허리케인 카타리나로 크게 부각된 재해의 취약성과 성·빈곤·인종·세대·계급 간의 상관관계에 대한 선진국의 연구도 눈에 띈다.

앞으로 기후변화로 인한 위험이 점차 커질 것이라는 예측에 따라 성인지적 위험지도gender-sensitive risk mapping와 데이터 수집도 활발히 진행될 것이다. 반면 전자처럼, 여성을 단지 '피해자'로 인식해서 기후 적응의 영역에서만 취급하게 되면, 여성을 제한된 역할에 가두고 오히려 젠더 차별을 견고하게 할 수 있다(Röhr, 2009). 따라서 여성의 기후 대응의 주체에 대한 의미와 전략 역시 중요한 주제가 되어야 한다.

기후변화가 여성에 미치는 영향

여성이 남성보다 기후변화에 취약하여 현재 발생하고 있거나 미래에 발생 가능한 대표적인 영향들은 다음과 같이 제시할 수 있다(Haigh & Vallely, 2010). 첫째, 기후재해로 인한 사망 가능성이 높고, 기후 난민이 될 가능성이 높다. 일반적으로 여성 가족 구성원들은 이주할 때 여러 문제들에 직면한다. 둘째, 물과 연료 수집의 부담이 증가하는 등 가사노동이 증가한다. 셋째, 식량가격 상승에 부정적인 영향을 받는다. 넷째, 건강 불평등이 악화된다. 다섯째, 자원 경쟁 속에서 성폭력을 포함한 폭력에 시달린다. 여섯째, 기후변화 영향에 적응하도록 성역할을 부여받으면서 노동량이 늘어난다. 일곱째, 삼림 프로젝트와 바이오연료 생산과 같은 기후변화 문제 해결책의 결과로 어려움을 겪는다.

이와 같은 맥락에서 서울시의 기후변화에 대한 불안 인식에 대한 성별 통계 결과를 살펴보면 남성은 59%가 불안감을 느끼는 데 반해 여성은 67%가 기후변화에 불안해하는 모습을 보인다(그림 4-1). 또한 황사, 미세먼지 유입에 대하여 불안을 느끼는 여성은 84.3%로 남성의 79.2% 보다 높게 나타났다. 이는 기후변화가 남성보다 여성들에게 더욱 큰 심리적 불안감을 제공하는 것이라 할 수 있겠다.

이러한 영향을 기후변화의 일반적인 영향과 여성에 대한 영향으로 구분하여 이정필(2010)은 표 4-1과 같이 정리하여 분석하였다.

기후변화가 여성에 미치는 차별적인 영향은 여성의 취약성을 나타내면서 동시에 그 취약성을 유지·재생산하는 사회구조를 드러낸다. 즉, 기후변화는 생존과 생활조건에 부정적인 영향을 미치면서 동시에 기존 가부장제와 자본주의 구조에서 억압받고 불리한 처지에 놓인 다수의 여성(특히 제3세계 여성)에게 치명적인 위협을 가할 수 있음을 알 수 있다.

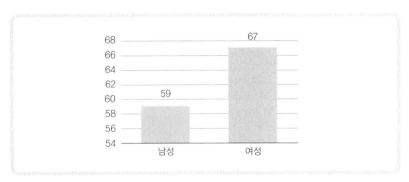

그림 4-1 기후변화에 대한 성별 불안 인식 비교
출처 : 서울특별시(2015), 서울통계.

▶ 표 4-1 기후변화가 여성에 미치는 영향

이슈	기후변화의 영향	여성에 미치는 직·간접적인 영향
천연자원 : 식량, 물, 연료, 토지	• 기온변화와 불규칙한 날씨로 인한 가뭄 그리고/또는 홍수 • 토양 비옥도 감소 • 작물 수확 감소 또는 흉작 • 자원 희소성 • 깨끗하고 음용 가능한 물 부족	• 물, 식량과 땔감 같은 연료 확보를 위한 가사노동 부담과 시간 증가(이 때문에 취학률 감소, 문맹률 증가, 조혼 증가를 초래하기도 함) • 여성의 기아와 영양 섭취 감소 • 오염된 수자원에 노출 • 토지권이 제한된 지역에서 여성은 잠재적으로 비옥한 토지에의 접근을 금지당하거나 제약됨 • 전통적인 토지 보유 상실
자연재해	• 해양온난화 • 날씨 패턴과 계절 변화 • 불규칙하고 이상기후 증대	• 날씨에 대한 교육과 정보 접근 부족 • 대응 능력 제한(예컨대 여성은 남성의 동행 없이 집을 떠날 수 없는 경우도 있음) • 수영이나 나무 타기 같은 생존 능력의 부족 • 여성은 일반적으로 재앙 극복을 위한 의사결정에서 배제됨
건강	• 전염병, 수인성 질병, 매개성 질병 증가(예컨대 기온변화와 강한 폭우로 말라리아 증가) • 온열질환 • 대기오염, 알레르기와 천식 증가 • 불안과 우울과 같은 정신질환	• 노약자와 마찬가지로 임산부와 수유 여성은 건강 위협에 가장 취약함 • 재앙지역의 의료서비스, 면역, 가족계획, 생식건강 서비스 부족 심화 • 건강 서비스 부족으로 인한 어머니와 아이 사망률 증가 가능성 • 대피소에서 임산부, 수유 여성, 월경 여성에 대한 서비스와 위생 공급 부족
인구 증가	• 심각한 기후변화에 위험한 지역과 생존을 위해 천연자원에 의존하는 지역에서 인구증가 예상	• 행정과 천연자원 부족 심화로 인한 경쟁 • 가장 취약한 인구(예컨대 여성)는 계속 위협에 처함 • 높은 출산율은 여성의 건강에 영향을 줌

(계속)

이슈	기후변화의 영향	여성에 미치는 직·간접적인 영향
도시화	• 환경 악화로 인한 농촌에서 도시로의 이주 증가, 생산성 감소, 자원을 둘러싼 갈등 • 비공식적인 대피소와 공동체 확대	• 주거지가 — 때론 비공식적으로 — 비위생적이고 위험하고 상하수가 부족하며 취약한 토지에 세워짐 • 도시의 공식 시장은 남성에게 유리함 • 빈곤한 도시 여성에 대해서는 의료서비스가 부족함 • 도시 빈곤 증가
이주와 이동	• 재난으로 임시적·영구적 그리고 국내·국제적 이주 발생 • 환경 악화와 자원 경쟁은 남성과 여성의 이동을 촉발함 • 취약성이 높은 지역에서의 강제 이주	• 세계 이주 인구의 최소 절반이 여성이지만, 이주 정책에서 여성에게 필요한 것은 우선되지 않음 • 여성은 이사할 자원도 부족하지만, 재난 후의 가정을 꾸릴 자원도 부족함 • 강제 이주는 여성의 취약성을 악화시켜 자원과 생계수단의 접근도 부족하게 만듦
가족 구성원	• 이주/이동 그리고/또는 자연재해로 인한 사망으로 가족 구성원의 상실 및 변화	• 여성 가구주의 증가 • 남성을 우선하는 회복/보험 프로그램 또는 펀드에서 여성 가구주를 위한 자원 제한 • 여성의 식량과 생계를 위태롭게 하는 토지권 부족 • 강제적인 젠더화된 노동 분업 • 재난으로 인한 여성 사망 때문에 일부 가정에서 여성 수 감소
갈등과 폭력	• 제한된 자원에 대한 경쟁으로 갈등이나 이주를 촉발함 • 강수와 천연자원 부족으로 내전이 증가할 가능성 • 생계 불안에 대한 걱정과 곤경 증대	• 새로운 갈등으로 기존의 젠더 불평등을 증폭시킴 • 남성은 싸움 때문에 사망하거나 다치기 쉬운 반면, 여성은 강간, 폭력, 걱정과 우울 같은 다른 갈등의 결과에 시달림 • 가정과 재난 후 대피소에서의 폭력 수준 높아짐

출처 : 이정필과 박진희(2010).

이렇듯 기후변화는 성평등을 포함하고 있는 유엔새천년개발목표 달성을 더욱 어렵게 만들고 있다. 따라서 기후변화는 현존하는 성불평등을 악화시키고 있기 때문에, 성인지적 접근으로 해결하지 못하면 성불평등은 계속될 것이라는 주장으로 이어진다(Haigh & Vallely, 2010).

여성의 권리를 포괄적으로 보장하는 국제 인권법인 유엔여성차별철폐협약은 여성에 대한 차별의 정의를 다음과 같이 제시하고 있다. 여성에 대한 차별이라 함은 정치적, 경제적, 사회적, 문화적, 시민적 또는 기타 분야에 있어서 결혼 여부에 관계없이 남녀 동등의 기초 위에서 인권과 기본적 자유를 인식, 향유, 또는 행사하는 것을 저해하거나 무효화하는 효과 또는 목적을 가지는 성에 근거한 모든 구별, 배제, 또는 제한을 의미한다.

개발도상국의 빈곤을 퇴치하기 위해 유엔을 비롯한 국제기구, 월드투게더 등 국제 NGO 등 많은 단체와 국가들이 노력을 하고 있으나 이를 하나로 연합하고, 효과성 있는 개발을 하기 위해 공동의 목표가 필요하여 새천년개발목표MDGs가 만들어졌다. MDGs는 2015년까지 빈곤을 반으로 감소시키자는 약속으로, 191개의 참여국은 2015년까지 빈곤의 감소, 보건, 교육의 개선, 환경보호에 관해 지정된 여덟 가지 목표를 설정하고 실천하는 것에 동의하였다.

여성이 기후변화에 미치는 영향

최근 들어 기후변화와 여성의 관계에 대한 논의가 조금씩 늘어나고 있다. 이러한 논의의 대부분은 기후변화로 인해 여성이 남성에 비해 훨씬 더 취가나 북부의 볼가탕가 지역의 여성인 54세의 탈라타 느소르Talata Nsor는 그녀가 사는 지역의 이름을 딴 볼가 장바구니를 짜고 있다. 이것은 그녀의 전체 생을 짜는 것과 같다. 장바구니를 짜는 것은 그녀에게 성공적인 사업이었다. 그리고 그녀는 장바구니를 팔아서 자녀들을 학교에 보낼 수 있었다. 그렇지만 곧 더 이상 바구니를 만드는 것을 지속할 수 없을지도 모른다는 점을 걱정하고 있다. 전체 서아프리카 지역과 유럽, 아메리카 시장에서 유명한 바구니를 생산할 수 없을지도 모른다. 바구니의 원재료는 코끼리풀 또는 과학적 용어로 베타 베라로 알려진 것이다. 이것이 기후의 조건에 의해서 멸종되고 있는 중이기 때문이다.

"바로 10년 전에는 가나 북부 내에서 가까운 습지로 가서 풀을 채취하곤 했다. 그러나 요즘은 멀리까지 가야 한다. 원자재를 사기 위해서 약 400km 거리에 있는 쿠마시까지 가야 한다."라고 느소르는 말했다. 코끼리풀은 습지에서만 자란다. 그 지역의 전문가에 의하면, 비의 부족으로 인해, 또한 식량 부족을 해결하기 위해 주민들이 습지를 농지로 전환하고 있다.

"사람들은 습지를 농지로 바꾸는 것을 선호한다. 천수답 농사가 줄어들고 있기 때문이다. 비에 더 이상 의존할 수 없다. 그리고 사람들은 거기서 관개를 통해 물을 얻을 수 있다." 아프리카에서의 젠더 관점에서 정책에 관여하는 소직, ABANTU의 프로그램 간사, 나피사투 유시프Nafisatu Yussif가 말했다.

그녀는 전 세계에서 온 지역을 대표하는 많은 여성들 중 한 명으로, 그들의 이야기를 들려주기 위해서 남아프리카공화국 더반에서 열리고 있는 UNFCC 협상에 참가하였다. "우리는 다양한 부문에서의 여러 다양한 여성을 조직하고 있는 중이다"라고 제17차 당사국총회와 함께 열리는 농촌 지역 여성회의의 조직자의 한 단체인 액션에이

출처 : 유엔, Irish Aid.

드ActionAid International의 사만타 할그리브스Samantha Hargreaves가 말했다.

"이 포럼에서 500명 이상의 여성이 각 국가의 경험을 공유하고 있는 중이다. 그들의 훌륭한 활동을 보여주고, 앞으로의 방향을 제안하고 있다. 회의의 결과는 아프리카 협상가 그룹에게 보내질 것이다. 세계에서 가장 가난한 국가들로부터 여성의 공통적 지위를 대표하는 협상가 그룹이다." 그러나 회의 참가자들에 따르면, 가난한 국가들의 여성들은 거의 비슷한 환경에 처해 있다.

"나의 나라에서는, 여성은 농사를 짓는다. 그러나 추수할 때에는, 남성들이 돈을 수거하는 책임을 진다. 아프리카와 다른 아시아 국가에서도 상황이 같다는 것을 난 알았다"라고 마리아 에스텔라María Estela가 말했다. 그녀는 과테말라의 3개의 시골을 대표하고 있다.

과테말라의 서부, 남부, 북부 지역은 홍수에 취약하다. 최근에는 더 심해졌다. "홍수가 오면 저수지가 더러운 홍수 물로 더러워진다. 아직 우리의 문화에 따르면, 가족에게 음료수와 다른 필요를 위해서 안전한 물을 확보하는 것은 여성의 책임이다"라고 그녀는 IPS에 말했다.

그녀는 더반에서 열리는 국제적 공동체회의가 증가하는 홍수를 억제하기 위한 시스템이 제대로 작동되도록 보장할 것을 요구하고 있다.

"나는 국가가 지구온난화를 유발하는 가스 배출량을 줄이겠다는 약속을 듣기를 원한다. 발전을 생각하는 것은 좋은 것이다. 그러나 제2의 건전한 환경이 없는 발전은 소용이 없다"고 말했다.

과테말라에서는 홍수가 있는 반면, 세네갈 남부는 가뭄을 겪고 있다. 카울라크에서 패티 코디Faty Khody는 IPS에 말했다. 이 지역에서의 강우가 2001년에는 평균 900mm였으나 현재는 300~400mm로 줄어들었다.

"우리는 야채를 길러서 지역 시장에 팔았다. 그러나 관개시설을 통한 물이 공급이 되지 않는다면 이제는 가능하지 않다." 지역에 기초한 조직, 인터펜치Interpench의 활동가로 일하는 코디는 말했다. 이 조직은 세네갈 농촌 7,700명 이상의 여성이 함께하고 있다.

"비 패턴이 변했다. 가뭄이 극단적으로 되고, 비가 올 때는 홍수로 이어진다. 시골 사람들에게 고통을 남긴다. 특히 여성과 아동에게."

비정부 조직 수평선Horizon 3000의 지지를 받으며, 인터펜치는 프로젝트를 시작했다. 기후변화에 적용하는 방법으로 '한 여성, 한 과일나무'라 불리는 프로젝트를 시작했다.

"우리는 한 그루의 나무라고 말한다. 왜냐하면 그것이 첫 번째 단계이기 때문이다. 한 그루 나무를 키우기 위한 묘목이 무료로 주어진다. 그리고 그 나무는 식수한 사람의 이름을 따른다. 그리고 단지 나무를 심는 것이 아니라 과일나무를 심는 것이 여성에게는 동기부여가 더 된다"고 코디는 말했다.

"우리는 COP 17에서 심사숙고하여 여성 중심의 기후변화 적용안을 지지할 아이디어를 제출하길 희망하고 있다."고 하그리브스가 말했다.

그러나 그녀는 그러한 프로젝트가 성공하기 위해서는 프로젝트들이 원주민적인 지식시스템에 기초해야 한다고 주장한다.

"아프리카 그룹은 COP 17에 소속된 선진국으로부터의 압력에 복종해서는 안 된다"고 그녀는 말했다.

남아프리카 발전 커뮤니티에서 젠더 부문을 위한 프로그램 활동가, 엘리자베스 카쿠쿠루Elizabeth Kakukuru도 비슷한 견해를 공유하였다.

"대부분의 협상은 항상 현장 사람들의 개입 없이 이사회에서 이루어졌다. 그러나 만들어진 권고는 시골에 사는 여성에 의해서 완수되어야 한다. 영향을 받는 당사자들이 직접 중요한 협상에 개입해야 할 때가 왔다"고 그녀가 말했다.

기후변화 적응을 위한 기술적 이전의 사용과 관련하여, 엘리자베스 카쿠쿠루는 모든 프로젝트가 적절해야 하며, 원주민 공동체의 협의하에 빌진되어야 힌다고 말했디.

출처 : IPS 뉴스, 2011. 12. 5.

약하며 기후변화에 대응할 능력 또한 부족하다는 데 맞추어져 있다.

이정필(2010)은 여성과 남성의 기후변화에 대한 기여도와 역할에는 어떻게 차이가 날까에 질문을 던진다. 이에 대해 하이Haigh와 밸러리Vallely(2010)는 기후변화와 젠더를 주목하는 진영에서는 평균적으로 여성은 남성보다 기후변화에 덜 기여하고 있으며, 기후변화에 보다 능동적으로 대응할 수 있다고 답하고 있다. 그 이유를 다음과 같이 제시하고 있다.

첫째, 여성들은 빈곤과 성역할 때문에 기후변화의 책임이 상대적으로 가볍다. 일반적으로 소득이 낮을수록 온실가스를 덜 배출하고, 사회적

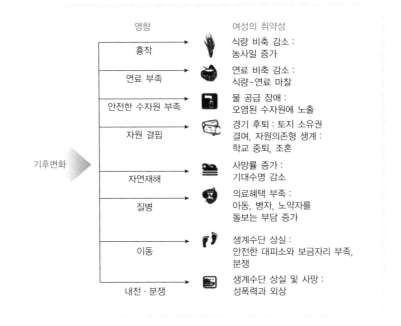

그림 4-2 **기후변화가 여성에게 미치는 부정적 영향**

출처 : WEDO(1999), Risks, Rights and Reforms reports 재구성. www.wedo.org

참여가 낮은 여성은 이동으로 인한 이산화탄소 배출이 상대적으로 적다.

둘째, 여성은 재활용과 에너지효율, 시민운동과 같은 친환경적 행동에 친숙한 경향이 있다.

셋째, 기후변화의 근원인 경제체제는 남성에 의하여 구축되고 운영된다.

넷째, 여성은 공적 회의, 기업, 시민사회단체의 의사결정에서 과소대표되지만, 실제적으로 여성은 생활, 살림, 가정교육을 통해 지역사회에서 매우 역동적으로 친환경적인 활동을 하고 유의미한 영향을 끼칠 수있다.

이러한 관점에서 유엔 여성기구UN Women는 여성은 기후변화에 상대적으로 더 취약하지만 동시에 기후변화 완화와 적응의 효과적인 행위자 혹은 촉매자임을 강조한다. 기후변화 완화와 적응, 그리고 재난 감소에 활용할 수 있는 지역의 고유한 전통, 전문지식을 알고 있으며, 자연과 가정의 관리 담당자로서 가정과 작업장, 지역사회에 책임을 갖고 있기 때문이다. 이로써 여성은 여성의 기후 피해와 취약성을 인정하면서 기후변화 대응 역할에 대한 젠더 관점에서의 접근을 강화시킬 것이 요구되고 있다.

앞서 언급한 것처럼 기후변화와 여성의 관계를 살펴보면, 기후변화의 피해자로서의 여성으로서뿐만이 아니라 온실가스 배출자로서의 여성에 대한 논의도 필요하다. 그 이유는 소비 주체로서의 여성은 남성과 마찬가지로 기후변화를 야기하는 데 상당한 책임이 있기 때문이다. 인류가 누리고 있는 현대 산업사회 문명에서 보다 더 편리하고 더욱 쾌적한 삶을 지향하는 대부분의 활동이 보다 더 많은 에너지 소비와 연동되어 있고, 상대적으로 소득이 높은 여성들은 그만큼 많은 에너지 소비를 통해 편리하고 쾌적한 생활을 영위하기 때문이다. 예를 들어, 중산층 이상 여성의 경우 여성이라는 젠더의 지위로 인한 상대적 취약성보다 계급적 지위에 따른 책임과 기후변화 대응 행동의 필요성에 대해 논의하는 것이 더 중요하다는 관점이다.

여성의 권익이 상대적으로 잘 보장되어 있는 선진국만이 아니라 그렇지 않은 개도국의 사회적 지위가 높은 여성의 경우에는 기후변화에 따른 취약성이 크지 않게 나타나고 있으며, 이에 따라 이들 여성의 경우 기후변화 유발에 대한 책임으로부터 자유롭지 않다고 주장한다

(Neumayer & Plumper, 2007).

따라서 여성 또한 기후변화를 야기하는 사회경제적 활동을 영위하는 인간이기에 기후변화 대응을 위해서는 기후변화 위험과 피해에 대한 적응뿐만 아니라 기후변화를 야기하는 온실가스의 배출을 감축시키는 활동 및 실천이 요구된다. 소비자로서의 여성은 보다 적극적인 관점에서의 기후변화 문제를 해결하기 위해서는 온실가스 배출 감축을 위한 적극적인 실천가로서의 여성에 대한 논의가 활발하게 전개될 필요가 있음도 지적되고 있다(천현정 외, 2010).

소비자로서의 여성의 역할에 대해 살펴보았을 때, 여성들의 친환경 소비활동이나 에너지 절약적인 구매 및 소비활동, 나아가 재생가능에너지에 대한 이해와 지지 및 비용 부담에 대한 의지는 우리 사회가 기후변화에 대응할 수 있는 지속가능한 에너지 체제로 전환해 가는 데 중요한 요소로 작용할 수 있다.

이러한 접근은 여성에게 사회 변화의 책임을 떠안기는 방식이라기보다 여성이 보다 중요한 행위자로서 우리 사회 변화를 위한 지도력을 발휘할 수 있는 주체가 될 수 있음을 시사하는 것이 아닐까? 그렇다면 여성 또는 주부의 환경친화적 소비활동이나 생활방식에 영향을 미치는 요소는 무엇일까?

여러 연구들에서 여성에 대한 재미있는 결과를 제시하고 있음을 알 수 있다. 주부로서의 여성의 환경친화적 행동은 학교교육보다는 언론매체의 환경정보에 영향을 받는 것으로 제시되고 있는데, 이는 여성들이 학교 환경교육의 혜택을 받지 못한 현실을 반영하고 있다.

환경보호 활동에 지속적으로 참여한 경험도 환경친화적 소비행동에 큰 영향을 미치며, 자기 이익보다 자기초월적 가치를 중요하게 여기는 여성일수록 친환경 행동을 많이 한다는 결과로 나타났다. 자기초월적 가치가 생태적 패러다임과 환경친화적 태도와 행동에 영향을 미친다는 사실을 발견하기도 하였다.

서울시 주부를 대상으로 한 연구에서는 절약 추구적이고, 환경교육을 받고, 사회 지향적이고, 환경의식이 높을수록 환경보전 행동을 잘 수행한다는 결론을 도출했다. 그리고 환경운동에서 전업주부가 중요한 역할을 수행하는데 전업주부들이 참여한 환경운동은 소박하지만 구체적이고 실천적이며, 소비자 의식을 고취하는 활동의 모습을 띤다고 지적하였다.

결국 우리나라에서는 여성이 환경친화적인 행동이나 환경운동 등에 중요한 역할을 수행해 왔는데, 이는 친환경적 가치와 환경의식에 기반함을 알 수 있다. 또한 환경교육과 정보의 공유를 통해 이러한 가치와 의식이 제고될 수 있다. 이러한 연구 결과들은 기후변화 행동 또한 기후변화에 대한 인식을 높이고 기후변화 행동이 갖는 의미를 이해하고 가치를 부여하는 과정을 통해 보다 의미 있게 실천될 수 있으며 이를 위해서는 기후변화 관련 정보의 공유와 소통이 중요함을 시사한다.

기후변화와 젠더의 관계

기후변화와 젠더 논의는 환경과 개발, 젠더 논의의 연장선에서 진행되어 왔다. 무엇보다도 1992년 리우 회의에서 개발과 환경의 정책과 프로그램에 여성의 참여를 촉진하도록 하는 젠더 관점을 포함하는 내용이 어젠다 21의 원칙 20에 채택되었다. 이것은 지속가능발전에 젠더 관점을 포함시킨 최초의 국제선언의 선례로 남아 있다.

1995년 제1차 세계여성회의World Conference on Women에서 좀 더 구체적인 실천과제가 명문화되었고, 2005년 유엔세계재난감소총회World Conference on Disaster Reduction에서 재난관리의 의사결정과 계획 수립에서 젠더 평등 통합의 원칙이 수립되었다(이정필, 박진희, 2010).

기후변화의 젠더적 관점은 여성과 남성은 기후변화 원인에 다르게 기여하고, 기후변화 결과에 다른 영향을 받으며, 기후변화 완화와 적응의 해결책에 대해서 다른 방식을 선호한다고 파악한다. WEN과 NFWI의 2007년 '여성의 기후변화 선언Women's Manifesto on Climate Change' 역시 기후변화에 부정적으로 영향을 받으면서도, 기후변화 대응에 긍정적으로 힘을 발휘하는 양 측면에 대해서 여성의 관점을 반영해야 한다고 주장한다.

기후변화와 젠더의 관계를 개략적으로 표 4-2와 같이 제시하고 있다. 기후변화의 원인과 영향, 대응에 대해 남성과 여성을 비교한 것이다. 이를 통하여 여성과 남성이 추구하여야 하는 관점에 명확하게 차이가 있음을 알 수 있다.

표 4-2와 관련하여 실증적인 것은 특히 기후변화의 대응정책이 주로 남성중심주의를 배경으로 하고 있어, 교토 의정서로 대표되는 기후 해결책들 역시 여성 배제적인 형태를 띤다는 점이다.

▶ 표 4-2 기후변화와 젠더의 관계

▶ 표 4-2 **기후변화와 젠더의 관계**

		여성(성)	남성(성)
기후변화의 원인		약	강
기후변화의 영향		강	약
기후변화의 대응	인식과 대응	• 건강과 삶의 질에 민감 • 생활변화에 적극적 • 자연친화적 • 치유 중심적	• 객관주의적(양적) • 기술 중심적 • 시장 중심적 • 개발주의(성장주의)
	정책 수단	• 의사결정에서 배제 • 가정 에너지 관리자 혹은 녹색소비자 • 재생가능에너지 생산·개발 참여자	• 의사결정에서 지배적 • 기술·시장 중심의 해결책 추진

출처 : 이정필(2010), p.8.

통계로 보는 여성과 환경, 성인지 통계시스템

1970년대 이후 세계적으로 사회의 지표를 알아보기 위한 방법으로 통계가 발달하기 시작하였다. 우리나라의 경우 사회 통계 체계화에 관한 유엔의 권고(유엔통계위원회 제17차 회의 의결, 1972)에 의거하여 통계청과 한국개발연구원이 인구통계 개선 : 개발계획 작성을 위한 사회경제지표를 연구하였다. 그 결과 우리나라는 350개의 사회지표를 체계화하였고, 1979년 128개의 지표를 작성하여 발간하였다.

이러한 통계는 정부 및 단체가 특정 정책을 제안하기 위한 추진 역량의 점검, 주민의 의견 수렴, 기존 정책의 점검·분석을 위한 객관적 자료로 활용된다. 일반적으로 국가에서 생산하는 통계자료는 용어의 정의, 자료의 수집 및 분석 단계에서 여성의 현실이 구별되어 나타나지 않고 있으며 따라서 여성의 상태 및 지위를 파악할 수 없는 경우가 많다. 또한 다수의 통계가 남성의 상태나 기여도를 측정하는 방향으로 정의되어 있어 여성의 상태는 물론 가정과 사회에서 생산자로서 여성의 기여도 등에 대한 내용을 확인하기 어려웠다.

이와 같은 문제점을 해결하고자 개발된 성인지 통계는 1975년 유엔이 '세계 여성의 해'를 선포하고 '1976~1985 유엔 여성 10년'을 정해 여성의 지위와 상태를 나타내는 체계적인 자료·통계의 수집과 축적 및 지표개발에 많은 노력을 기울였던 것부터 시작된다. 이에 따라 세계 각국은 성별 분리 통계의 수집 및 축적을 촉구하고 기술적인 지원을 하게 되었으며, 우리나라에서는 한국여성정책연구원(구 한국여성개발원)이 성인지적 통계지표를 개발하기 시작하였다(한국여성정책연구원, 2016).

여성친화도시를 위한 사업을 추진하고 있는 송파구는 지역 정책의 기반이 성평등하게 전환될 수 있도록 하기 위하여 성인지 통계를 작성하였으며 이를 통해 여성정책의 수립·평가, 성별 영향 분석평가, 성인지 예산서 및 결산서 작성 등의 업무를 추진하고자 한다. 송파구의 사례에서 알 수 있듯이 성인지 통계는 여성의 상태를 파악하는 것만이 아니라 여성 문제 연구자 및 정책입안자에게 여성의 지위상태에 대한 정확한 정보를 제공함으로써 효과적인 여성정책을 세우는 데 큰 역할을 담당한다.

한국여성정책연구원은 인구, 가족, 보육, 교육, 경제활동, 보건, 복지, 정치 및 사회참여, 문화 및 정부, 안전, 국제비교의 11개 영역에 대한 성인지 통계 및 지표를 개발하여 배포하고 있으며, 이 외에도 각 지역정부 또는 사회단체에서도 다양한 성인지 통계를 제시하고 있다.

우리나라의 성인지 통계의 구체적인 내용을 살펴보면 그림 4-3과 같다.

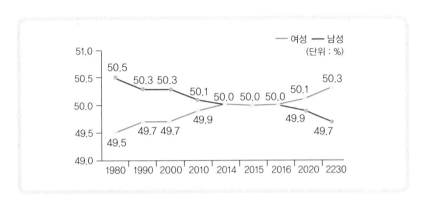

그림 4-3 **여성인구 추이**

출처 : 통계청(2016).

첫째, 우리나라의 여성인구는 1980년대 남성에 비해 1% 정도 낮은 수
치를 보이나 2014~2016년에 남성과 같은 비율을 나타낸다. 그러나 표에
서 알 수 있듯이 15~64세 및 15세 미만 연령대에서의 남성의 비율이 여
성보다 높으나 65세 이상의 경우 여성 성비가 남성보다 훨씬 높음을 알
수 있다. 2015년 통계청의 조사에서 55세 이상에서 여성인구가 남성인
구를 추월하기 시작하였으며 80대 이상 인구에서 10명 중 7명이 여성으
로 나타났다.

둘째, 여성의 경제활동 참여율이 늘어나고 있다. 여성의 경제활동 참
여는 꾸준히 증가하고 있고 이에 따른 성역할, 가족의 구조, 형태에서
다양한 변화가 일어나고 있다. 2000년대 이후 여성의 고용률은 지속적
으로 늘고 있고 이에 따라 경제활동 참여에 대한 남녀의 차이가 점차 줄
고 있다(표 4-3). 이러한 여성의 경제활동 참여 기회의 증가는 여성의 고
등교육의 참여가 높아진 것과 관련하여 생각해 볼 수 있다. 여성의 대학

	고용률				실업률			
	전체 (%)	여성 (%)	남성 (%)	남녀 차이 (%p)	전체 (%)	여성 (%)	남성 (%)	남녀 차이 (%p)
2000	58.5	47.0	70.7	23.7	4.4	3.6	5.0	1.4
2005	59.7	48.4	71.6	23.2	3.7	3.4	4.0	0.6
2010	58.7	47.8	70.1	22.3	3.7	3.3	4.0	0.7
2015	60.3	49.9	71.1	21.2	3.6	3.6	3.7	0.1

출처 : 통계청(2016), 경제활동인구연보.

진학률은 2000년부터 2005년까지 급속도로 증가하였으며 2009년 이후 남성의 대학 진학률보다 높은 수준을 유지하고 있다(그림 4-4).

　이러한 여성 고등교육의 증가는 기존의 남성 전유물로 생각되었던 많은 직종에서 여성의 비율을 늘리는 데 기여하였으며 특히 공무원 직종에서의 여성의 비율이 급격히 증가하는 데 영향을 미쳤다(표 4-4).

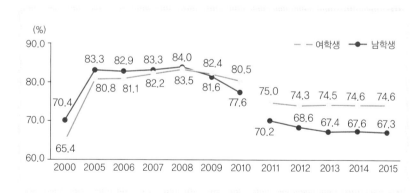

그림 4-4　대학 진학률의 변화

출처 : 교육부 · 한국교육개발원(2016), 교육통계연보.

▶ 표 4-4 **여성 공무원 비율** (단위 : %)

	2000	2005	2010	2011	2012	2013	2014
여성 공무원 비율	31.5	38.1	41.8	41.8	42.7	42.8	43.9

출처 : 인사혁신처, 통계연보.
주 : 행정부, 입법, 사법, 헌법기관을 포함한 전체 공무원 수에 대한 비율.

▶ 표 4-5 **여성 취업 장애요인**

	전체	남성	여성
계	100	100	100
사회적 편견 관행	21.5	22.6	20.4
직업의식 책임감 부족	4.6	6.3	2.9
불평등한 근로 여건	10.8	10.0	11.6
일에 대한 여성 능력 부족	2.2	2.6	1.7
구인 정보 부족	1.2	1.0	1.5
육아 부담	47.5	44.4	50.5
가사 부담	5.9	5.3	6.6
기타	0.1	0.1	0.0
모르겠다	6.2	7.7	4.8

출처 : 통계청(2015), 사회조사.

셋째, 여성의 사회참여의 걸림돌은 여전히 존재하고 있다. 앞에서 살펴본 바와 같이 우리나라 인구에서의 고등교육을 받은 여성의 비율과 여성들의 경제 참여 비율이 증가하고 있지만 육아 및 가사를 여성이 담당해야 한다는 인식은 변하지 않고 있으며 여성이 남성보다 일에 대한 책임감 및 전문성이 부족할 것이라는 사회적 인식이 아직까지 우리 사회에 남아 있다(표 4-5).

기후변화 및 환경 관련 성인지 통계 분석

우리나라 성인지적 통계에서 다루고 있는 기후변화 관련 통계자료는 먼저 통계청(2017)에서 실시한 2016년 사회조사(가족·교육·보건·안전·환경)를 통하여 일부 분석이 가능하다.

이 통계는 지구온난화로 인한 기후변화의 심각성에 대하여 국민의 63.1%가 불안하다고 느끼고 있는 것으로 나타났는데, 이 중 여자(66%)가 남자(60.0%)보다 기후변화에 대해 더 불안함을 느끼고 있는 것으로 분석되었다.

환경오염 방지를 위해 대중교통 이용, 분리수거, 음식물쓰레기 줄이기, 합성세제 사용 줄이기, 일회용품 줄이기, 에너지 절약형 제품 구입, 환경보호운동 참여 등 모든 영역에서 여성이 남성보다 더 노력하고 있는 것으로 나타났다.

이 밖에 성인지적 통계에 대하여 지방자치단체에서 제공하고 있는 내용을 중심으로 살펴보면 다음과 같다. 먼저, 광주광역시(2014)의 광주사회조사통계에서는 거주환경에 대해 불만족하는 사유로는 대기오염(36.6%), 교통 불편(33.8%), 주차시설 부족(32.8%), 편의시설 부족(20.7%), 교육여건 불리(17.7%), 유흥업소(12.2%) 등의 순으로 나타났다. 이를 성별로 살펴보면, 여성의 경우 대기오염(37.7%)이 가장 높았고, 교통 불편(35.2%), 주차시설 부족(28.3%), 편의시설 부족(21.1%) 등의 순으로 나타났다. 남성은 주차시설 부족(37.9%)이 가장 높았고, 다음으로 대기오염(35.3%), 교통 불편(32.3%), 편의시설 부족(20.4%) 등의 순으로 나타났다. 이로써 여성은 남성보다 대기오염물질에 민감하게 영향을 받음을 알 수 있다.

서울시(2010)가 발표한 환경문제 인식 에너지절약 실천을 담은 '통계로 보는 서울시민의 녹색생활'에 의하면, 20세 이상 서울시민 10명 중 8명이 기후변화 문제가 심각하다고 인식하고 있는 것으로 나타났다. 서울시민 84.1%는 기후변화가 일상생활에 미치는 영향이 심각하다고 인식하고 있으며, 특히 매우 심각하다고 생각하는 비율도 42.7%로 나타났다. 또한 기후변화가 자신의 일상생활에 미치는 영향이 심각하다고 인식하는 비율을 성별로 보면, 여성(86.0%)이 남성(82.2%)보다 더 높게 나타났다. 특히 '매우 심각하다'고 생각하는 비율은 여성이 45.1%로 남성(40.2%)보다 4.9%p 높았다.

94.2%는 '사람들의 생활습관 때문에 환경이 많이 훼손된다'에 동의하는 것으로 나타났으며, 특히 '매우 동의한다'고 응답한 비율도 58.0%였다. 성별로 보면, 여성(95.6%)이 남성(92.7%)보다 동의율이 더 높았으며, 특히 이들 주장에 '매우 동의한다'고 응답한 비율은 여성(62.9%)이 남성(52.6%)보다 10.3%p나 높았다.

서울시민 중 49.2%는 에너지 절약을 위해 겨울철 내복 입기를 실천한다고 응답했으며, 이 중 33.7%는 '항상', 15.5%는 '자주' 입는 것으로 나타났다. 또한 여성(51.7%)이 남성(46.6%)보다 내복 입기 실천율이 더 높은 것으로 나타났다.

'직장에서 개인 컵 사용'에 있어서는 62.6%가 개인 컵을 사용하고 있으며, 여성(71.4%)이 남성(55.8%)보다 사용률이 높은 것으로 나타났다.

이러한 통계자료들은 여성들의 환경문제와 환경오염의 심각성에 대한 인식이 남성보다 높다는 것을 나타낸다. 이는 여성이 남성보다 주변

환경에 대해 스트레스를 많이 받고 있다는 것으로 해석될 수 있다. 이와 같이 여성들의 환경문제로 인한 스트레스에 대한 민감도는 여성이 남성보다 환경문제를 해결하기 위한 환경행동을 실천하도록 하는 데 영향을 미치고 있을 것으로 예상된다.

제5장

기후변화에 대한
여성의 역할

소비자로서의 여성의 역할

기후변화라는 문제에 대응하여 소비자에게 요구되는 행동들은 무엇보다도 자원절약 및 환경보호를 위한 환경친화적 소비행동일 것이다. 환경친화적 소비행동은 자원순환 사회[1]에서의 환경친화적 행동, 사회의식적 소비행동, 사회적으로 책임감 있는 소비행동, 지속가능한 소비, 윤리적 소비 등 다양한 용어로 표현된다.

환경의식적 행동이란 환경을 보호하고 보전하기 위한 소비행동이나 환경을 의식하고 자원순환성을 고려하는 행동을 의미한다. 이와 관련된 연구에서는 소비행동의 범주를 크게 구매, 사용, 폐기의 세 단계로 구분하는 것이 보편적이다. 환경의식적 소비행동이란 환경오염원의 감소를 목적으로 한 구매, 사용, 폐기 행동을 의미하는데(이기춘, 1995), 기후변화 대응 소비행동은 기후변화의 주요 원인인 온실가스 배출원의 감소행동을 중심으로 한 구매, 사용, 폐기의 소비행동을 의미할 것이다.

즉, 소비자의 환경의식적 행동이란 구매, 사용, 폐기의 과정에서 환경오염을 줄이고 쓰레기를 적게 방출하며 자원과 에너지 절약을 통하여 환경을 보전하고 기후변화 대응에 참여하는 소비자행동을 말한다. 이러한 소비행태는 소비행동에만 초점을 두는 것이 아니라, 기후변화에 대한 소비자의 사회적 책임까지 포함하는 경우가 될 수 있다(Anderson & Cunningham, 1972; Antil, 1984; Webster, 1975).

---

1 자원순환 사회란 사회 구성원들이 함께 인간생활이나 산업활동에서 폐기물의 발생을 억제하는 한편 이미 생긴 폐기물은 물질 또는 에너지로 최대한 이용함으로써 천연자원의 사용을 최소화하는 사회를 이른다.

▶ 표 5-1 **환경의식적 소비행동과 기후변화 대응 소비행동 비교**

단계	환경의식적 소비행동	기후변화 대응 소비행동
구매	• 환경 관련 정보탐색 • 환경에 대한 영향을 품질평가의 기준으로 사용 • 에너지 및 자원절약적 상품 구매 • 환경오염을 줄이는 상품 구매 • 폐기물을 줄이는 상품 구매	• 온실가스 배출원 관련 정보 탐색 • 에너지 및 자원절약적 상품 구매 • 온실가스 배출을 줄이는 상품 구매
사용	• 타인이나 환경에의 영향을 고려하여 자원 및 에너지를 절약	• 온실가스 배출원을 줄이는 행동 • 친환경에너지 사용
폐기	• 분리수거나 자원의 재활용에 적극 참여하는 행동	• 폐기 시의 온실가스 배출을 고려하여 쓰레기를 줄이고, 자원의 재활용에 적극 참여하는 행동

출처 : 이기춘(1995).

표 5-1의 환경의식적 소비행동과 기후변화 대응 소비행동의 비교를 통해 알 수 있듯이 기후변화 대응 소비행동은 전반적인 환경오염원 감소 중 온실가스 배출원 감소라는 구체화된 목적을 가진 환경의식적 소비행동의 하위개념으로 볼 수 있다.

지구온난화라는 기후변화 문제는 기존에 우려되어 왔던 환경문제들보다 현재 우리가 직면한 심각한 해결 과제이고, 또한 이는 국가적 차원의 온실가스 감축이라는 필연적인 정치적 차원의 개입이 수반되는 문제로 국가의 경쟁력과도 밀접한 관련이 있는 중요한 사안이다. 따라서 환경적 구매, 사용, 처분과 같은 소비행동에 초점을 둔 소비행동뿐만 아니라 환경을 생각하는 일반적인 행동 및 정책적 차원의 사회적 행동까지 포함한 시민 소비자로서의 행동이 필요한 문제라고 할 수 있겠다.

기존 기후변화 문제 관련 소비자의 인식을 조사한 연구들은 주로 기후변화 협약에 따라 적용될 온실가스 의무 부담이라는 기후변화 정책의 도입을 대비하여 이에 대한 일반 소비자들의 인식과 정책 지지의 결정 요인에 대해 다루었다. 이와 같은 연구 동향은 기후변화 문제가 기존 환경문제보다 소비자의 정책 참여 및 지지와 같은 사회적 행동이 중요하게 요구되는 문제임을 반영한다는 것을 보여준다.

정책결정자로서의 여성의 역할

기후변화를 포함한 환경정책은 그 목표와 운용법칙, 가치 추구에서 다른 정책들과 차별화되어야 한다. 보통의 정책들이 경제 만족과 성장 위주의 목표를 가지고 있는 반면 환경정책은 반드시 발전 논리와 일치하지는 않으며 때로는 경제 논리에 위배되는 목표를 가질 수도 있다. 환경정책은 '공익'을 개인적인 욕구에 우선시키고 즉각적인 만족보다는 인내와 장래를 고려하는 철학을 배경으로 한다.

일반적으로 환경정책은 남성 중심적 시각에서 만들어지고 남성 위주로 운용되었다고 에코페미니스트들은 주장하고 있다. '환경을 위한 세계 여성회의(1992)'에서도 제기되었듯이 환경문제를 해결하기 위해서는 좀 더 철저한 의식과 사고의 전환이 필요하고 그것은 '여성적 시각'의 도입과 '여성의 평등한 참여'를 필요로 한다. 환경 분야에서 '여성적 시각'이란 단순한 여성의 참여와 대표성만을 주장하는 것은 아니다. 여성적 시각은 현재의 발전과 성장의 경제 논리에 대한 대안으로서 순환적이고 지속적인 논리를 주장하며 자연을 대상이 아닌 그 자체의 주체로 존중하며 환경을 별개의 영역이 아닌 경제, 사회, 문화와 얽힌 통합적인 구조로 접근할 것을 강조한다.

인간의 삶은 제각기 다르지만 그동안 남성과 여성은 다른 방식으로 사회화되었기 때문에 보통 여성의 삶은 남성의 삶과 매우 다르다. 환경 분야에서 본다면 전 세계 여성들은 남성과 구별되는 다양한 활동을 한다. 숲, 건조지, 습지 그리고 농경지에서 동식물을 기르고, 가족의 생계 유지를 위해 물, 연료와 사료를 모으며, 토지와 수자원을 관리하기도 한다. 이러한 활동을 통해 그들은 시간, 열정, 재능 그리고 자신의 미래를 가족과 지역공동체의 발전에 바친다. 또한 여성들의 이 같은 폭넓은 경험은 환경관리 및 이와 관련된 활동에 있어 그들 자신이 귀중한 전문지식의 원천으로 거듭나도록 도울 수 있다. 따라서 기후변화 정책의 결정과정에서의 여성의 역할이 필요하다.

또한 기후변화 논의와 정책결정에 있어서 적극적으로 여성적 시각을 통합함으로써 단순히 여성의 정치참여를 늘리고 여성의 이익을 대변하는 것 이상의 효과를 얻는 것이 필요하다. 즉, 환경정책을 더욱 효율적으로 운영하고 환경정책에 새로운 시각을 제공할 뿐 아니라 철학적 토대를 부여하여 환경행정에 대한 새로운 발상을 유도하는 것 또한 필요하다.

생태여성주의의 한 분야인 문화적 생태여성주의는 '왜 여성이 참여하는가'를 보다 적극화시켜 '왜, 그리고 어떻게 여성이 생태위기 극복의 주체가 되(어야 하)는가'로 변형시켜 묻고 있다. 사전적으로 문화생태여성주의는 여성, 자연, 육체, 감정 등 남성적 문화에서 폄하되었던 것들을 재평가하고, 찬미하고 옹호하면서 폭력, 지배, 정복을 특징으로 하는 남성적 가치에서 평화, 조화, 상생을 특징으로 하는 여성적 가치로 나아가야 하며, 갈등 대신에 협력, 대립 대신에 관계, 권리와 의무 대신에 배려를 강조하는 돌봄의 윤리를 주장한다.

이러한 생태여성주의에 영향을 받은 여성환경운동은 인간사회계와 생태계, 남성과 여성, 생산과 재생산, 공적 영역과 사적 영역의 분열 및 전자의 지배·억압에 물음을 제기한다. 이 관점을 여성적 관점이라 하는데, 이는 여성적 원리the feminine principle와 젠더gender의 관점을 말한다. 젠더의 관점이란 분할의 결과로 나타난 지배와 억압이란 불균형을 교정하기 위한 것이다. 그래서 정치사회적 결정 과정에 여성 또는 여성적 관심과 남성 또는 남성적 관심이 평등하게 참여하여야 한다는 차원에서 성평등성gender equality, 그리고 그 결정의 결과물이 사회 전반에서의 여성 지위 및 복지 향상에 기여하였는가를 묻는 성형평성gender equilty의 관점을 의미한다.

다음은 여성 정책결정가로서 환경 및 기후변화 정책에 기여한 사례로 케냐의 왕가리 마타이Wangari Maathai와 독일의 앙겔라 도로테아 메르켈Angela Dorothea Merkel, 대한민국의 박근혜가 있다.

왕가리 마타이(1940~2011)는 케냐의 여성환경운동가로서 1977년 아프리카 그린벨트 운동을 창설하여 아프리카의 사회, 경제, 문화적 발전을 촉진했다. 마타이가 그린벨트 운동을 시작한 것은 무분별한 벌목 등으로 인해 훼손된 아프리카의 밀림을 되살리는 동시에, 가난한 여성들을 위한 일자리 창출이 목적이었다. 이후 나무심기운동에 전념해 1986년에는 범아프리카 그린벨트 네트워크로 확대하였고, 우간다·말라위·탄자니아·에티오피아 등에서도 성공을 거두었다. 마타이가 그린벨트 운동을 통해 2003년까지 아프리카 각지의 마을·학교·교회 등에 심은 나무가 3,000만 그루가 넘는다고 한다. 환경운동뿐 아니라 인권과

민주화운동에도 힘써 왔는데, 1998년에는 '2000년 연대'를 결성해 공동회장을 맡아 아프리카 빈국의 이행 불가능한 채무를 2000년까지 탕감하고, 서구 자본으로부터 아프리카 삼림이 강탈당하는 것을 막자는 운동을 펼쳤다. 2002년 국회의원에 당선되기도 하였고, 케냐 환경·천연자원·야생생물부 차관으로 임명되기도 하였다.

제2의 노벨상으로 불리는 바른생활상(1984) 외에 세계여성상(1989), 골드먼환경상(1991), 아프리카상(1991), 영국 에든버러메달(1993), 페트라 켈리 환경상(2004), 소피상(2004) 등 각종 국제적인 상을 받았고, 1995년에는 유엔환경계획UNEP 명예의 전당 500명에 선정되었다. 2004년 10월에는 그린벨트 운동을 통해 생태적으로 가능한 아프리카의 사회·경제·문화적 발전을 촉진한 공로로 노벨평화상을 받았다.

앙겔라 도로테아 메르켈(1954~)은 2005년에 독일 제국 성립 이후 여성으로는 최초로 연방수상직에 오른 이후 세 번에 걸쳐 독일의 제8대 연방수상을 역임하고 있다. 동독에서 물리학자로 활동한 후 그녀는 독일의 통일 과정에서 정치에 참여하기 시작하였으며 이를 바탕으로 헬무트 콜 내각에서 환경부 장관을 역임한 경력을 가지고 있다.

경호원도 없이 혼자서 꽃을 사고, 적은 수의 수행원과 함께 공연을 보며, 유로 2012 축구경기 관람을 위해 EU 정상회담 회의시간을 조정하기까지 하는 메르켈은 정치와 사생활을 철저히 구분하고 자신이 가진 권력을 과시하지 않는 소탈한 정치인으로 평가받는다. 독일 언론에서는 메르켈의 국정운영 스타일을 두고 '엄마 리더십'이라는 용어가 자주 사용되며 이는 문제가 생기면 엄마가 알아서 해결해 줄 것이라는 신뢰감과 안정감을 메르켈로부터 받고 있기 때문이다(박창욱, 2013).

메르켈 총리는 2011년 3월 일본 후쿠시마 원전 사고 직후 노후한 7기의 핵발전소 가동을 3개월 중단한다는 선언을 내렸으며 뒤이어 '안전한 에너지 공급을 위한 윤리위원회'를 구성해 핵폐기를 논의하였으며 2011년 5월 30일, 2022년까지 독일의 모든 핵발전소를 폐기한다고 공표했다. 이러한 발표는 2010년 가을 원자력법 개정을 통해 2022년 폐쇄 예정이었던 독일의 핵발전소의 수명을 연장하였던 것과 배치되는 것으로, 이러한 그녀의 결단력 있는 행동들이 2013년 독일 선거에서 여당 압승의 발판으로 작용하였다.

포브스는 2006년부터 2015년까지(2010년 제외) 그녀를 '세계에서 가장 영향력 있는 여성 1위'에 선정하였으며, 2015년 타임지는 그녀를 '자유세계의 수상Chancellor of the Free World'이라는 이름으로 '올해의 인물'에 선정하였다.

박근혜(1952~)는 대한민국의 제18대 대통령으로 1998년 국회의원으로 대한민국 정치에 입문하여 5선 국회의원을 지냈으며, 2013년 대한민국 최초의 여성 대통령으로 선출되었으며, 2016년 대한민국 헌정사상 두 번째로 탄핵 소추되었으며 2017년 헌법재판소에서 탄핵소추안이 인용되면서 최초로 탄핵으로 물러난 대통령이 되었다.

이러한 상황에서 박근혜는 프랑스 파리에서 열린 제21차 유엔기후변화협약 당사국총회COP21에 참석, 기조연설에서 온실가스 감축의 중요성을 역설하며, 전 지구적 의지와 역량을 결집해 COP21에서 신기후체제를 반드시 출범시켜야 한다고 강조하였다. 이를 위해 한국 정부는 '에너지 신산업을 통한 온실가스 감축', '개도국과 새 기술 및 비즈니스 모델 공유', '국제탄소시장 구축 논의 참여' 등을 제시했다. 이는 신재생에너지 설비 등을 통해 생산한 전력을 파는 '프로슈머produce+consumer' 시장 개설, 제주도의 '탄소 없는 섬Carbon Free Island' 프로젝트 등을 통해 국내외에서 100조 원 규모의 시장을 개척하고 50만 개의 일자리를 만들어내겠다는 세부목표를 의미한다. 이를 위해 한국 정부는 제로에너지 빌딩을 의무화하고 대형공장들을 ICT기반의 스마트 공장으로 전환하고, 제주도를 전기차와 신재생에너지가 100% 보급된 '탄소 없는 섬'으로 전환할 것을 단계적으로 추진하는 정책 방안을 구체적으로 실행하고자 하였다.

이와 같은 사례들은 우리 사회의 기후변화 대응정책 및 환경문제 해결을 위한 효율성 제고를 위하여 여성이 수행할 수 있는 역할과 그로 인해 발생할 수 있는 국제적인 영향들을 보여준다.

최근 우리나라 여성계는 여성부의 후원 아래 다양한 여성단체를 망라하여 G-Korea 여성협의회를 구성하였다. 'G-Korea'는 일자리 창출Getting Job, 녹색생활Green life, 희망 나눔Giving Hope 등 범국민 3G 실천운동이다. 그리고 이를 효과적으로 실천해 나가기 위하여 여성단체, 아파트 부녀회, 학교 학부모회 등의 회원으로 'WE Green'이라는 G-Korea 여성실천단을 구성하였다.

현재 WE Green 운동은 리더인 '매니저' 90명, 실천가인 '서포터즈' 6,000여 명이 활동 중이다. WE Green 운동의 운영은 '한국여성단체협의회'와 '한국여성경제진흥원'이 공동으로 맡고 있으며 홈페이지(www.wegreen.or.kr)도 운영 중에 있다. 아직은 활동 초기 단계이나 지속적인 관심과 참여를 통해 세계적인 모델이 될 수 있는 여성 중심 기후변화 대응정책 활동이 될 수 있을 것이라 기대된다.

환경정책을 바꾼 여성 과학자로는 레이첼 카슨Rachel Carson이 있다. 그녀가 발간한 침묵의 봄은 미국 환경보호법NEPA 제정 등 미국 환경정책이 태동하게 되는 계기를 마련하였다. 이 외에도 환경정책에 있어 중요한 의사결정을 하는 여성은 엘렌 존슨 설리프Ellen Johnson Sirleaf, 미첼 바첼레트 Michelle Bachelet, 타르야 할로넨Tarja Halonen 등을 들 수 있다.

교육자/학자/전문가/환경운동가로서의 여성의 역할

국내외적으로 교육자로서, 학자로서, 전문성을 띤 전문가로서 빛을 발한 여성들을 찾는 것은 그리 어렵지 않다. 물론 남성들에 비하여 그 숫자는 미미할 수 있지만, 환경적으로 의미를 갖는 커다란 역할을 통하여 세상을 바꾸는 사례도 찾아볼 수 있었다.

먼저 세계적으로 일반인들에게 환경문제에 관해 경종을 울린 선구자는 바로 미연방야생동식물보호국 직원이었던 레이첼 카슨(1907~1964)여사였다. 1962년 그녀는 당시 농약으로 사용되고 있던 DDT를 계속해서 사용할 경우 조류가 멸종되어 새소리가 없는 봄을 맞게 될 것이라고 침묵의 봄Silent Spring에서 경고하였다. 이 책은 인류의 환경 역사를 바꾼 책으로서 20세기 환경학 최고의 고전으로 꼽힌다. 과학기술 분야에 종사하는 소수의 여성 중 한 사람으로서 그는 환경을 이슈로 전폭적인 사회운동을 촉발시켰다. '생태학 시대의 어머니'이자 환경의 중요성을 일깨워준 레이첼 카슨은 타임지가 뽑은 '20세기를 변화시킨 100인'에 속한다.

침묵의 봄에서는 느릅나무에게 피해를 주는 해충을 잡으려고 뿌려진 DDT가 먹이사슬을 통해 어떻게 종달새 소리를 들을 수 없는 침묵의 봄을 가져왔는지 생생하게 묘사했다. 느릅나무에 뿌려진 DDT는 여러 곤

충과 거미를 죽였다. 그 과정에서 DDT는 나뭇잎에 붙었고 가을에 떨어진 썩은 이파리를 지렁이가 먹었다. 그중에서 살아남은 지렁이는 겨울을 넘기고 봄에 날아온 종달새에게 먹혔다. 그 결과 DDT가 뿌려진 후 2년 만에 400마리에 달했던 종달새가 20마리로 줄어든 지역의 사례도 제시하였다. 이처럼 오염물질은 생태계의 먹이사슬을 따라 생산자, 1차 소비자, 2차 소비자, 최종 소비자 순으로 이동한다. DDT를 비롯한 몇몇 오염물질은 분해되거나 배설되지 않기 때문에 최종 소비자로 갈수록 축적된 오염물질의 농도가 더욱 높아져 심한 경우에는 생명을 잃기도 하는 것이다.

이 책은 미국의 환경정책을 발전시키는 계기가 되었다. 특히, 1969년 미국환경정책법NEPA이 미국 의회를 통과하여 제정됨으로써 살충제, 제초제, 살균제 등이 물고기와 야생동물에게 미치는 영향을 지속적으로 조사할 수 있는 제도적 장치가 갖추어졌다. 1970년 4월 22일에는 2,000만 명이 참여한 가운데 제1회 지구의 날 행사가 개최되었으며,[2] 같은 해에는 환경문제를 전담하는 연방기구인 환경보호청이 설립되었다. 이어서 국제사회에서도 환경문제를 인식하게 되어 1972년 스톡홀름에서 제1회 유엔인간환경회의가 소집되었고, 로마클럽은 성장의 한계The Limits to Growth라는 보고서를 제출하기에 이른다.

이 밖에도 인도의 핵물리학자이며 칩코운동의 지도자이자 에코페미니스트인 반다나 시바 역시 과학자이면서 아프리카의 그린벨트운동의 창시자이며, 이 운동이 아프리카 12개국에 확산되도록 기여한 케냐의 왕가

---

2 이를 기념하기 위하여 매년 4월 22일은 지구의 날로 지정하였다.

리 마타이 등 여성 과학자들은 환경문제에 도전한 대표적 인물이다.

반다나 시바는 환경, 여성인권, 국제 문제에 대해 세계에서 가장 역동적이고 선구자적인 사상가 가운데 한 사람이다. 핵물리학을 전공하고 서구 과학기술의 문제점을 인식하고 생태운동에 전념한 생태운동가이다. 인도에서 다국적기업의 삼림파괴에 반대하는 칩코운동을 조직했으며, 제3세계의 생물다양성 문제와 다국적기업의 생물 해적질에 깊은 관심을 가지고 다양한 반대운동들을 펼쳤다. 현재 과학·기술·생태학연구재단의 책임자로 있으며, 주요 관심 분야는 제3세계 생태운동, 에코페미니즘, 생명공학과 특허 문제, 다국적기업의 생물 해적질, 농촌 지역 공동체의 자생적 발전 문제 등이다. 1995년에 바른생활상을 수상했다.

'침팬지의 어머니' 제인 구달Jane Goodall (1934~)은 영국의 동물학자, 침팬지 연구가, 환경운동가 등으로 평가받고 있다. 특히 탄자니아에서 40년이 넘는 기간을 침팬지와 함께한 세계적인 침팬지 연구가로서 침팬지가 육식을 좋아하고 도구를 사용한다는 사실을 밝혀내기도 하였다. 제인 구달은 아프리카의 축복받은 자연이 파괴되는 것을 경

제인 구달

험하면서 1977년에 자신의 이름을 건 '제인 구달 연구소'를 설립하여 직접 환경보호와 동물보호운동을 시작하였다.

1991년에는 지구의 미래와 환경을 위한 '뿌리와 새싹' 운동을 시작하며 큰 호응을 얻고 있다. '뿌리와 새싹' 운동은 현재 세계 100여 개 나라에서 참여하는 거대한 운동이 되었으며, EU의 지원을 받아 탄자니아 숲

을 되살리고 보존하며 사람들을 대상으로 교육활동을 하고 있다.

마지막으로 실비아 앨리스 얼Sylvia Alice
Earle(1935~)은 해양을 수십 년간 연구해
온 미국 최초의 여성 해양과학자로서 물
속에서 무려 7,000시간 이상 연구를 해
온 실적을 쌓았다. 실비아는 1990년부
터 1992년까지 여성 최초로 미국 국립해
양대기관리국의 수석 과학자로 재직하

실비아 앨리스 얼

였다. 실비아는 1992년에 해양 심층 기술을 발전시키기 위해 심해 환경
을 위한 장비를 설계, 제작 및 운영하는 DOERDeep Ocean Exploration and Research
Marine을 설립하였다.

실비아는 1998년부터 2002년까지 내셔널지오그래픽협회National
Geographic Society가 후원하고 골드만재단Goldman Foundation이 자금을 지원하여
미국 국립해양보호구역을 연구하는 5년 프로그램인 지속가능한 해양 탐
험대Sustainable Seas Expeditions를 이끌었다. 또한 실비아는 지속가능한 해양 탐
험대의 리더였으며 텍사스 A & M-코퍼스 크리스티Corpus Christi의 멕시코
연구를 위한 Harte 연구소의 협의회 의장과 '구글 어스'의 해양자문위원
회 의장을 역임하였다.

특히 그녀는 구글에서 '구글 어스'라는 지리 프로그램 개발 시에 해양
을 추가하는 데 큰 역할을 하였다. 그녀의 연구는 해양생태계에 대한 심
도 있는 이해를 이끌어냈으며, 인간과 기후변화의 영향에 대한 이해를
도모하였다. 실비아는 해양보호지역에 대한 공공의 이해를 높여 2009년
TED상의 영예를 안기도 하였다.

환경운동가로서의 여성의 역할

국내에서 여성환경운동에 관한 논의가 언제부터 시작되었고 또 우리나라의 여성들은 어떤 활동들에 주체적으로 참여하고 있는지 살펴보자.

1980년대 중반, 반독재 민주화와 함께 반공해운동으로 발아한 진보적 환경운동 과정 속에 여성환경운동은 가정을 책임지는 주부들의 개인적 실천의 방식으로 진행됐다. 1990년대 여성환경운동의 상징적인 사례로 1990년 팔당 골재채취 반대운동, 1991년 페놀피해 임산부 모임 등은 여성들이 환경문제에 대해 주체적으로 대응한 활동이었다.

1990년대 중반 이후에 여성들의 생활환경운동은 녹색소비운동, 생협운동, 환경건강운동, 녹색자치운동 등으로 다양하게 분화되고 있다. 이러한 생활환경운동을 실천하는 다양한 현장에서 활동하는 여성들은 다음의 쟁점들에 대하여 그들의 목소리를 내었다.

마포의 공동육아에서 시작해 생협을 만들고, 성미산을 지키고, 새로운 교육을 꿈꾸며, 이제는 '신명 나는 마을 공동체'로 키우는 활동, '우리가 살고 싶은 마을'을 만들기 위한 개인적인 고민에서 출발하여 '녹색마을'이라는 자발적인 공동체 활동을 하기까지의 과정, 그리고 여성단체가 지방자치선거에 참여한 지 만 10년이 되는 시점에서의 성과와 어려움에 대한 현장 활동가들의 고민들이다.

'여성환경운동의 주체는 여성이다'라는 주장에 대해 거기서 말하는 '여성'은 누구인지 좀 더 세분화된 접근이 필요하다. 여성이 환경문제에 관심을 갖고 참여하는 계기가 가족이나 아이를 중심으로 시작되는 경우가 많았다. 그러다 보면 여성 건강의 문제는 여성 자신의 몸에 대한 것보다는 모체환경으로서 여성의 몸에 대한 접근이 강화될 수 있다.

식탁오염으로 인한 가족의 건강 위협을 위해 생협운동이 이뤄지다 보면 친환경적 농업 육성, 노동 간 생태적 관계 회복, 대안경제를 통한 생명 공동체의 실현이라는 가치는 추상적인 차원에 머물게 되고 구조적인 환경문제는 계속 간과될 수도 있다. 이제까지의 환경 이슈가 아이를 키우는 기혼여성들 위주로 이뤄졌다면, 기혼여성 외에도 젊은 여성들이 고민하는 주제들에 대한 접근이 필요할 것이다.

우리나라 여성 환경운동가 문순홍

페미니스트 정치생태학은 1980년대 중반 이후 유엔을 중심으로 여성과 환경 논의를 발전시킨 성과 환경Gender and Environment의 관점을 정치생태학에 채색하려는 사회과학의 신생 분야로서, 이를 한국적 현실에 접목시키고자 했던 문순홍의 노력은 여성환경운동 진영에 환경정책 및 운동에 대한 젠더 분석의 필요성을 본격적으로 제기한다. 여성환경연대를 중심으로 음식물쓰레기정책에 대한 젠더 분석, 에너지교육에 대한 젠더 평가, 세계환경정상회담WSSD 주요 의제에 대한 젠더 분석과 요구안 작성 등의 실천작업이 가능하게 한 바탕이 되었다.

문순홍은 생태주의의 탁월한 이론가였고 사회현상을 바라보는 기본시각을 페미니즘이 아닌 생태학에 두고 그 중심에 여성적인 것을 집어넣어 한국 사회에 생태여성론을 착근시켜 보고자 했다. 문순홍의 '한국 폐기물정책의 성평등 분석', '거버넌스와 젠더' 등의 연구작업은 페미니스트 정치생태학과 한국의 중요한 정책적 관심사를 연결하려는 첫 시도였다.

또한 그녀는 연구활동에만 그치지 않고 현장을 발로 뛰면서 활동가의 고된 삶의 여정을 거쳤고, 그럼에도 지치지 않는 삶에 대한 긍정성을 지녔던 특별한 존재였다고 할 수 있다.

여성 정치가 타르야 할로넨

타르야 할로넨(1943~)은 핀란드의 여성 정치인이다. 2000년부터 2012년까지 대통령으로 재임하였다.

타르야 할로넨

헬싱키 출신이며, 헬싱키대학교에서 법학을 전공한 후 변호사가 되었다. 1971년 사회민주당에 입당하였고, 1974년 총리실 의회 담당 변호사로 근무하였다. 1977년 헬싱키 시의회 의원이 되었고, 1979년 국회의원 선거에 출마하여 당선되었다.

국회의원으로 재직하면서 그녀는 노동자의 복지와 이익의 옹호, 소수의 권리 보호를 위하여 적극적인 활동을 하였다. 1980년대와 1990년대에는 몇 부처의 장관을 겸임하였고, 특히 1995년부터 2000년 사이에는 외무장관을 지냈다.

할로넨은 '작지만 강한 나라' 핀란드의 오늘을 일군 여성 지도자로 손꼽힌다. 핀란드는 삼림 외에는 자원이 많지 않은 인구 500만의 작은 나라로 러시아와 스웨덴 등 주변 강대국으로부터 끊임없이 침략을 받았다. 이러한 역사를 지닌 핀란드는 할로넨이 재임하던 시절 국가청렴도, 국가경쟁력, 교육경쟁력 1위 국가로 변모하였으며 경제적으로도 1인당 국민소득 3만 6,000달러의 강소국으로 발전하였다.

할로넨은 여성과 소수자 정책에서 각별한 관심을 보였으며 그녀는 "핀란드 여성의 1유로는 80센트와 같다는 말이 있다"는 여성 임금차별에 관한 인식을 통해 여성 할당제 정책을 적극 추진하였다. 의원에 당선되기 직전에 미혼모로 아이를 출산한 그녀는 "모든 여성은 세심한 엄마이면서 동시에 좋은 세상과 권리를 위해 싸우는 전사입니다. 양성평등은 여전히 갈 길이 멉니다"고 강조하며 여성의 인권 향상을 위해 노력하였다.

여성 정치가 엘런 존슨 설리프

엘런 존슨 설리프(1938~)는 라이베리아의 제32대 대통령으로, 아프리카의 첫 여성 대통령이다.

엘런 존슨 설리프

그녀는 메디슨 비즈니스대학에서 경영관리학을 전공했고 콜로라도주립대학교에서 졸업증서를, 그리고 하버드대학교에서 국정 박사학위를 받은 바 있다. 라이베리아로 귀국함과 동시에 그 당시 윌리엄 톨버트 대통령 아래 1979년에 재정부 차관이 됨으로써 존슨 설리프는 정치에 첫발을 디뎠다.

강철 같은 의지와 결단 때문에 '철의 여인'으로 불리는 존슨 설리프는 미국 하버드대학교에서 석사학위를 받은 경제 전문가로 재무장관을 역임한 것 외에 1970년대 말 유엔 개발 프로그램의 아프리카 담당 재정국장 및 세계은행 근무 등의 경력을 가지고 있다.

엘런은 1980년대 새뮤얼 도 군사정권에 반대하다 투옥됐고, 1990년대 찰스 테일러 군사정권으로부터도 핍박받아 두 차례 해외 망명을 한 적이 있는 민주 투사이기도 하다. 1997년 망명에서 돌아온 뒤 부패와의 전

쟁에 투신했고 테일러와 대선에서 맞붙어 2위를 차지하기도 하였다. 그녀는 2003년 국가개혁위원회 위원장을 맡았으며 부패에 대한 과도 정부의 무능을 비판하며 대선에 출마했다. 라이베리아 2005년 대통령 선거에서 전직 축구선수였던 조지 웨아를 누르고 대통령에 당선되었고 2006년부터는 공식적으로 대통령이 되었다.

취임 후 경제발전 및 민주적 제도 확립에 매진하였으나 국제사회의 원조를 바탕으로 매년 6~11%의 라이베리아의 평화를 구축하고, 여성의 위상 강화에 공헌하였다. 또한 경제 재건을 위한 인프라 활성화 및 국제 협력 증진, 농업·임산가공업·광공업 부문의 대규모 일자리 창출, 공공 예산 증가, 부패 척결에 노력하였다.

그녀는 2011년 11월 8일 대선 투표에 단독 출마하여 재선되었으며 2011년 민주화와 여성 인권 강화에 공헌한 공로로 리머 보위, 타우왁쿨 카르만과 함께 노벨평화상을 수상하였다.

여성 정치가 미첼 바첼레트

미첼 바첼레트(1951~)는 칠레의 외과 및 소아과 의사이며 중도좌파 정치인이다. 그녀는 사회당의 당원으로서 2002년과 2003년 사이 리카르도 라고스의 보건 장관으로 일했으며 이후 라틴아메리카에서 최초의 여성 국방장관이 되었다. 보건부 장관 및 국방부 장관을 역임한 데이어 2006년, 칠레의 최초 여성 대통령으로 선출되었다.

미첼 바첼레트

그녀는 대통령 재임 중 여성 및 도시 서민계층을 위한 유아 공교육에 전력, 재임기간 중에 3,500개의 유아학교 설립, 탁아시설의 확충, 소득 하위계층의 40% 이하 가정에 속한 0~4세 아동에게 무상 교육, 급식, 의료혜택을 제공하였다. 이를 통해 육아와 교육의 짐을 덜어낸 여성들의 사회활동과 출산율이 증가하고 실업률은 눈에 띄게 감소하게 되었다. 이러한 경제성장을 통해 칠레는 2010년 1월 '경제협력개발기구OECD'에 가입할 수 있었다.

또한 2010년 2월 말에 규모 8도 이상의 강진이 일어났을 때에도 자신의 대통령 임기 마지막 날인 3월 10일까지 지진현장을 돌아다니며 이재민을 위로하였다. 3월 11일에 개최된 퇴임식은 재난의 와중에도 국민축제를 방불케 했으며 80%가 넘는 지지율로 칠레가 그녀에게 가진 애정과 존경을 전 세계에 과시하였다.

퇴임 후 그녀는 2010년 9월 15일 유엔여성UN Women기구 대표에 임명되어 활동하였고 대통령 연임제한 규정으로 2009년 대선에 출마하지 못했지만, 2013년 칠레 대선에서 승리하여 재선에 성공하였다.

여성 환경과학자 줄리아 버터플라이 힐

줄리아 로레인 힐Julia Lorraine Hill(Julia 'Butterfly' Hill(1974~)은 미국 환경운동가이자 세금 리디렉션 주창자이다. 그녀는 1997년 12월 1일부터 1999년 12월 18일까지의 738일 동안 약 1,500년 된 캘리포니아 삼나무에서 살았던 것으로 유명하다.

줄리아 버터플라이 힐

힐은 아칸소 주의 본스보로에 정착한 독실한 기독교 가정에서 홈스쿨링을 통해 성장하였다. 그녀는 16세에 대학 과정을 시작했고 18세에는 그녀의 식당을 열었다. 그녀는 1996년 매우 치명적인 자동차 사고를 당했으며 이를 통해 자신의 인생의 목적을 재평가하기 시작하였다. 그 후 그녀는 서부를 여행하였고, 캘리포니아의 삼나무 숲에서 영적 영감을 얻었다. 여기에서 그녀는 세계에 남겨진 고대 삼나무의 파괴를 막기 위해 환경운동에 동참하게 되었다. 힐은 600년 수령의 삼나무 '루나'를 살리기 위해 높이 55m의 나무 위에서 생활하였다. 벌목회사가 경적을 울려대고, 헬기를 띄워 거대한 바람을 일으켜도 굴하지 않았다. 결국 정부와 시민단체가 힘을 합쳐 루나에 대한 보존 결정을 내리자 738일 만에 나무에서 내려왔다. 이때의 경험을 적은 책이 나무 위의 여자다. 이후 그녀는 1년에 250회 이상 강연하는 활동가이자 베스트 셀러 작가이며 친환경 음악을 하는 단체인 Circle of Life Foundation의 공동 설립자가 되었다. 이를 통해 힐은 더욱더 활발한 환경운동을 실천하고 있다.

제**6**장

여성의
역량 강화 방안

이 장에서는 기후변화 대응을 위한 여성의 역량 강화 방안을 네 가지의 관점에서 풀어 나가고자 한다. 첫째, 통섭적 접근을 시도한다. 기후변화에 대한 자연과학적 이해와 사회경제시스템의 이해가 함께 있다면 바람직한 기후변화 대응에 접근할 수 있다. 둘째, 기후변화 교육적 접근으로서 기후변화 교육 방안을 강구해 본다. 셋째, 정책제도적 접근으로서 여성의 기후변화 대응을 위한 정책제도적 의미를 살펴보고, 개선 방안과 다양한 사례를 제시한다. 넷째, 여성과 지속가능발전교육, 특히 환경교육과의 관계에 대해 살펴본다. 지속가능발전에 대한 이해를 바탕으로 지속가능한 사회의 주역이 되기 위한 지속가능성 소양을 함양하는 것이 바람직하다.

통섭적 접근을 통한 역량 강화

통섭의 정의 및 개념

'통섭'은 19세기 자연철학자 윌리엄 휴웰이 고안한 'consilience'란 말에서 유래한다. 통섭의 일반적 정의는 지식의 통합으로 볼 수 있다. 에드워드 윌슨이 제시한 통섭統攝은 '큰 줄기를 쥐다'라는 의미를 가진다(최재천, 2005). 단편적인 지식의 습득을 넘어 지식을 전체적으로 조망하여 큰 줄기를 잡는다는 뜻으로 이해할 수 있는 것이다. 통섭은 자연과학과 인문학을 연결하고자 하는 통합 학문 이론이라고 볼 수 있다.[1]

---

1 통섭이란 말은 20세기 말까지 널리 알려지지 않았으나 최근 에드워드 오스본 윌슨의 1998년 저서 통섭, 지식의 대통합을 통해 다시 알려지기 시작했다. 그는 사회생물학(1975년)을 저술한 인본주의적 생물학자로 인문학과 자연과학 사이의 간격을 메우고자 노력하였

통섭은 통합, 융합 등의 용어와 함께 사용되고 있다. 여기에서의 통합은 물리적으로 합친 것을 의미한다. 진짜로 섞이지는 않은 상태를 뜻한다. 반면, 융합은 화학적으로 진짜로 합친 것을 말한다. 융합融合의 융融자가 녹을 융자로, 다리 셋 달린 솥 모양의 솥 력鬲자에 벌레 충虫을 합친 것인데, 끓으면 김이 솥뚜껑으로 솟아오르는데 벌레처럼 오른다고 해서 그 모양을 형상화해서 융融자가 되었다. 수소분자 하나가 산소분자 2개와 붙으면 그게 갑자기 물이 되듯이 융합은 원래 형체가 하나가 되면서 전혀 새로운 것이 되는 것을 의미한다.

그리고 통섭은 원래 학문이 사라지는 게 아니라 학문들 간에 잦은 소통을 통해, 약간 거친 표현을 빌리자면 '정情을 통해서 자식을 낳는 과정'이라고 할 수 있다. 통섭의 예로 인지과학을 들곤 하는데, 인간의 뇌를 가지고 설명하는 뇌과학에 심리학, 철학 등 인문학이 합쳐진 게 인지과학이다. 따라서 융합은 목표이고 목적이 되어야 하는 것이지만, 통섭은 융합을 하기 위한 방법론이고 철학이라고 제시한다.

이를 기후변화 문제와 연관지어 생각하면 다음과 같은 두 가지 특성을 나타내고 있다.

첫째, 기후변화 문제는 각기 다른 현상이 전 지구적으로 나타나며, 한 가지 관점으로는 정확한 이해가 어려운 복잡한 현상이다. 기후변화의 문제를 해결하기 위해서는 자연과학적 이해를 바탕으로 영향과 적응, 기후변화의 완화 및 국제협상 등 크게 네 부문으로 구분할 수 있다.

다. 우리나라에서는 통섭, 지식의 대통합(최재천과 장대익, 2005)을 통해 통섭의 개념이 본격적으로 알려지기 시작하였다.

둘째, 기후변화의 영향은 자연생태계뿐만 아니라 사회경제적 측면 등 사회 전반적으로 영향을 나타내고 있다. 이 중에서 기후변화의 원인을 규명하고 미래를 예측하는 것은 기후변화에 대한 대응 방안을 도출하는 데 가장 우선적인 사항이라고 볼 수 있다. 지역에 따라 다른 현상으로 나타나며 원인도 단순하게 파악할 수 없는 기후변화에 대해서는 통섭적 관점으로 접근하는 것이 기후변화 대응에 커다란 시사점을 줄 수 있다. 즉, 기후변화 문제에 있어 통섭의 관점은 기존 자연과학적인 접근 위주의 시각보다는 인문 · 사회적인 면을 고려하는 균형 잡힌 시각으로 기후변화 문제를 볼 수 있도록 해준다. 통섭적 접근방법은 기후변화에 대한 자연과학적 이해를 바탕으로, 사회경제적 현상에 대한 정보와 함께 완화 및 적응 방안을 고려하는 것을 가능하게 한다. 그리고 인문학적 소양을 통하여 기후변화 대응을 위한 협상 능력을 더욱 배양할 수 있다.

기후변화의 통섭적 이해

그동안 학습자에게 기후변화 문제를 이해시키기 위해 현재 국내에서 발간된 기후변화 관련 교재를 살펴보면 다음과 같은 문제점을 파악할 수 있다.

첫째, 교육 방향적 측면에서는 주로 자연과학적 사실 위주의 접근이 주류를 이루고 있다. 자연과학적 사실은 문제를 이해하는 데 중요한 역할을 하지만 인문 · 사회적 문제를 생략하고 기후변화 문제를 제대로 파악할 수 없다. 즉, 균형 있고 통합된 관점으로의 접근이 필요하다.

둘째, 내용적 측면에서는 자연과학적 내용 위주로 접근이 이뤄지고 있다. 자연과학 지식은 문제를 이해하는 데 필요하지만 앞서 언급한 바와 같이 자연과학적 지식만으로 문제를 해결하지 못한다. 따라서 다양한 인문·사회적 지식을 기반으로 한 접근이 필요하다.

셋째, 방법적 측면에서는 학습에 관계된 여러 주체들의 상호작용이 부족하다. 활발한 상호작용을 통한 지식의 형성은 단순한 지식 전달과 체험보다 좀 더 효과적인 학습전략이 될 것이다.

따라서 기후변화 문제의 통섭적 이해는 기존 기후변화 교육이 지닌 자연과학적 접근을 보완하는 방안으로 인간 활동이 지구 기후변화의 주요 원인이라는 점을 균형 있게 제시하고자 하는 접근방법으로 정의할 수 있다(장호창, 지승현, 남영숙, 2008).

즉, 기후변화 문제를 올바르게 이해할 수 있는 통섭적 관점을 통해 기후변화 교육에 필요한 구성요소를 살펴보는 것이다. 기후변화 문제에 대한 통섭적 관점으로 접근해 보면 현재 국내에서 수행된 기후변화 교육은 기후변화 문제를 통합적으로 이해하는 데 한계가 있다. 따라서 이 연구에서는 이를 극복하기 위해 기후변화 문제의 통합적 이해에 대한 이론적 탐구를 진행하고 이와 관련된 교육의 방향성, 내용적·방법적 측면에 대한 기준을 제시하였다.

기후변화 문제에 있어 통섭적 이해가 주는 시사점을 바탕으로 기후변화 교육의 세부전략 요소를 크게 교육의 방향적 측면, 내용적 측면, 방법적 측면으로 구분하여 접근할 수 있다. 교육에 있어 교육이 추구하는 방향과 내용, 방법은 학습자에게 교육적 행위를 할 수 있는 구체적인 지침이 된다. 따라서 학습자에게 기후변화 문제를 균형 있게 이해시킬 수 있는 기후변화 교육의 방향과 내용 및 방법에 대해 다음과 같이 제시할 수 있다.

첫째, 방향적 측면에서의 환경정의적 접근방법이다. 기후변화 교육은 과학적 접근과 환경정의적 접근을 통합한 방향을 지향해야 한다. 지금의 기후변화는 다양한 인간 활동의 결과가 전 지구적으로 나타난 것으로 볼 수 있다. 따라서 이러한 문제의 원인 진단과 해결 방안의 구체적 도구로서 합리적 사고와 증거에 기반을 둔 과학적 접근과 문제해결 절차로서 환경정의적 접근은 꼭 필요한 관점이다.

둘째, 내용적 측면에서의 통합교육적 접근방법이다. 자연과학적 접근을 확장하여 인문·사회과학적 내용을 통합한 내용으로 내용 영역을 확장할 필요가 있다. 통섭적 관점은 하나의 큰 줄기를 의미하는 것으로서, 이에 비춰보면 자연과학 위주의 접근은 하나의 부분에 불과한 것으로 볼 수 있다. 따라서 자연과학적 내용에 인문·사회학적 내용으로의 확장은 복잡한 기후변화 문제의 원인과 결과를 좀 더 객관적으로 파악할 수 있는 좋은 내용이 될 수 있다.

셋째, 방법적 측면에서 학습 주체와 학습 내용의 상호작용을 통한 사회적 실존감 형성이 요구된다. 타인과의 상호작용은 자신의 사회적 실존감을 느끼게 할 수 있으며, 좀 더 효과적인 학습으로 학습자를 이끌 수 있다. 또한 학습 문제 즉, 기후변화 문제에 대한 학습에 있어 일방적인 전달보다는 기후변화 문제와 상호작용하는 것이 효과적이다. 이는 기후변화 문제에 대해 자신의 문제로 느끼고 문제에 개입하여 능동적으로 움직일 수 있는 학습자를 기르게 된다. 예를 들면, 프로젝트식 학습 방법을 통하여 기후변화 문제를 인식하고, 이에 대한 다양한 해결 방안을 강구하고, 나아가 자신만의 실천 방안을 도출해 낼 수 있도록 한다.

이와 같이 기후변화 문제를 균형 잡힌 시각으로 이해하고 효과적으로 학습하기 위해서는 교육의 방향적인 측면, 내용적·방법적인 측면이 조화가 되어야 한다. 이러한 기후변화 문제의 통섭적 이해를 위한 기후변화 교육의 세부전략 요소와 각 요소 간의 상호작용을 제시하면 그림 6-1과 같다.

통섭의 사례

통섭적 교육방법에 대한 성과들이 기업, 대학 등 사회 전반적으로 나타나고 있다. 다음에서는 통섭의 다양한 사례들을 살펴보고자 한다.

통섭의 기업 적용 사례

처음 '통섭'이라는 개념이 대두되었을 당시는 인문·사회과학과 자연과학을 통합하는 범학문적 연구를 의미하였다. 그러나 최근에는 '文·

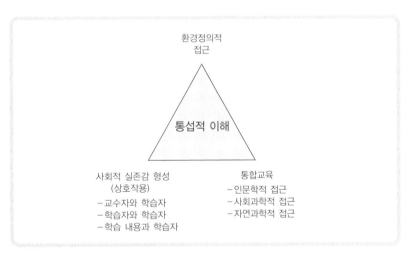

그림 6-1 **기후변화 문제의 통섭적 이해**

출처 : 장호창, 지승현, 남영숙(2008).

史·哲^{문·사·철}' 즉, 인문학을 기본 소양으로 하고 거기에 더해 자연과학, 예술까지 아우르는 범위로 확대되었고 기업에서 원하는 인재형 역시 모든 분야를 아우르고 있다.

대표적 통섭형 인재로는 스티브 잡스를 꼽는다. 애플사의 창업자인 스티브 잡스는 매킨토시 컴퓨터 등 혁신적인 기술과 디자인의 개인용 컴퓨터를 개발해 보급했고, 아이폰을 통해 스마트폰 시대를 이끌었다. 그는 신 정보기술^{IT}의 선두에 서 있는 전문성을 지닌 인물이지만 언제나 인문학을 강조한 것으로 유명하다. "기술만으로는 충분하지 않다는 것, 그 철학은 애플의 DNA에 내재돼 있습니다. 가슴을 울리는 결과를 내는 것은 인문학과 결합된 기술임을 우리는 믿습니다"는 그가 남긴 수많은 명언 중 하나이다(레오짱, 베스트트랜스, 2011).

삼성이 제시한 미래 경쟁력 강화를 위해 여성 인력을 적극적으로 육성해 활용하겠다는 '위미노믹스^{womenomics}' 전략은 통섭적 접근이다. 위미노믹스는 'women^{여성}'과 'economics^{경제}'를 합친 신조어로, 갈수록 구매력이 커지고 있는 여성이 소비시장을 주도하는 경제현상을 일컫는다. 1980년대 초반에 삼성 이건희 회장의 '신경영 선언'을 뒷받침한 간담회에서 제시한 말로서, 이는 즉시 경영에 도입된 것으로 세간에 알려져 있다.

"냉장고, 세탁기를 누가 사용하는가? 가정주부다. 그런데 디자인 설계 개발 과정에 여성이 한 명도 없는 게 말이 되는가? 도대체 고객을 생각하고 만드는 것인가?"라는 질문에서 비롯하여 삼성은 여성만을 대상으로 하는 '대졸여성 공채'를 국내 기업 최초로 도입해 139명의 여성 인재를 선발하였다. 1995년에는 성차별을 완전히 없앤 '열린 채용'을 도입하였고, 2002년에는 '여성 인력 30% 채용' 가이드라인이 정착됐다. 이와 더불어 육아시설 확대 등 여성이 일하기 좋은 기업을 만들기 위한 선도적인 기업정책이 집행되었다고 분석된다.

그리고 2012년부터 삼성이 인문학적 소양과 기술을 겸비한 통섭형 인재를 양성하기 위하여 도입한 '삼성 컨버전스 소프트웨어 아카데미SCSA'에는 선발 인력의 45%가 여성인 것으로 나타났다. 삼성은 일찍이 여성 인력을 우대하고 적극적으로 활용함으로써 기업의 감수성을 향상시킨 것이 제품 디자인과 마케팅 경쟁력으로 이어져 세계 IT · 가전시장을 석권하게 하는 숨은 동력이 되었다는 평가도 제시되고 있다.

대학의 통섭형 인재, 융합형 인재 양성

윌슨Wilson(2005)에 의하면 인간 지성의 가장 위대한 과업은 과학과 인문학의 연결이라는 것이다. 통섭형 인재 육성의 전제조건은 '인문학의 부활'이다. 정부는 인문학을 포함한 인문정신문화의 진흥이 시급하다고 판단하여 최근 중장기 계획을 마련하고, 문화체육관광부와 교육부는 대통령 소속 자문위원회인 문화융성위원회 산하 인문정신문화 특별위원회 제안을 반영해 '인문정신문화 진흥 7대 중점과제'를 선정하였다.

통섭형 인재를 육성하기 위해서는 초 · 중 · 고등학교는 물론이고 대학의 교육체계가 개선되어야 할 것이다. 특히 대학이 앞장서 창의적인 인재를 키워내겠다는 적극적인 자세가 필요한데, 이를 위해서는 융합 · 창의 교육을 확대하고 복수전공을 늘려야 한다는 주장이 많다.

따라서 대학에서도 통섭형 인재 양성을 추진하여야 하는데, 지식정보사회에서 전문성은 물론, 다른 여러 분야의 지식과 정보를 두루 갖춰야 하는 것이다. 학문의 경계를 허무는 통섭이 이슈화되고 있다. 대학의 노력은 기업의 변화로 이어질 때 의미가 있을 것이다. 대학은 지구사회의 변화에 귀기울이며 능동적 태도를 갖고 사회가 요구하는 변화를 꾀하여야 한다.

서강대는 2012년 Art & Technology 전공을 신설하였는데, 이는 예술과 기술의 융합이다. 구체적으로는 상상력과 예술적 감수성을 첨단 기술과 융합할 수 있는 인재 양성을 목표로 한다. 연세대의 경우도 인천 송도 국제캠퍼스에 통합·융합형 인재 교육을 위하여 '융합학부'를 신설하였다. 융합학부는 글로벌융합학부와 융합과학공학부로 나뉘며, 각 학부는 기존의 학제와 전혀 다른 복합적이고 다양한 형태의 새로운 전공으로 구성된다.

또한 연구소에서도 인문학과 공학의 융합은 활발하게 일어나고 있다. 한국과학기술연구원KIST은 'ARTKIST 레지던시'를 운영하고 있는데, 예술가에게 연구원 내 기숙사와 작업실 등을 제공하고 연구원과 자유롭게 교류할 수 있는 기회를 제공하는 프로그램이다. 회화, 조각, 미디어 아트, 키네틱 아트 등의 분야 총 7명의 예술가가 프로그램에 참여한 사례가 있다.

초등·중등·고등학교의 통섭형 인재 양성

학교 현장에서도 통섭형 인재 양성을 목표로 하고 있다. 학문의 기초가 되는 초등·중등·고등학교에서 통합교과형 커리큘럼을 도입하고 있다. 2013년부터 적용된 초등 1~2학년 교과서는 기존의 바른생활, 슬기로운 생활, 즐거운 생활을 통합하여 주제별로 봄, 여름, 나, 가족 등의 교과로 재구성되었다. 기존의 내용들이 한 주제 안에서 함께 다루어지는 것이다.

뿐만 아니라, 초·중등 인성교육 실현을 위한 인문정신 함양 교육을 강화하고, 인문소양을 갖춘 창의·융합형 인재를 기르기 위한 통합형 교육과정을 개발하고 있다. 문·이과 구분 없이 인문학, 과학기술 등의 기초소양을 함양할 수 있도록 교육과정을 개정하고 학생 참여 중심의 수업 실현 등 교실 수업의 변화를 이끌어내고 창의적 체험활동, 꿈·끼 탐색 주간, 자유학기제 운영 모델 등에서 활용 가능한 인문소양 체험 프로그램을 확대하고 국악, 연극 등 예술·체육 분야 활동도 확대한다.

수학 교과서의 경우 식을 풀고 답을 맞히기만 하던 예전과 달리, 스토리텔링 방식을 도입하여 수학의 원리와 개념을 이해하고 설명하는 문제가 주를 이룬다. 이러한 통합교과형 커리큘럼은 21세기에 꼭 필요한 통합적 사고, 더 나아가 통섭적 사고 능력을 기를 수 있는 밑바탕이 된다.

통섭 지식의 대통합
(에드워드 윌슨 지음)

'통섭'의 개념을 이해하기 위해서는 그 개념을 처음 탄생시킨 사람인 에드워드 윌슨의 저서를 읽어볼 것을 권한다. 아직 대중적으로 익숙하지 않은 개념이지만 여러 학문들을 예로 들며 알기 쉽게 설명하는 이 책을 읽는다면 시대가 원하는 '통섭형 인재'란 무엇인지, 내게 부족한 부분은 무엇인지를 파악해서 보다 탄탄한 준비를 할 수 있다.

통섭의 식탁
(최재천 지음)

에드워드 윌슨의 제자로 우리나라에 통섭 개념을 전파한 최재천 교수의 책이다. 제목만 식탁이 아니라 우리가 큰 거부감 없이 접할 수 있는 것들을 추천요리-에피타이저-메인요리-디저트 등의 목차로 분류, 통섭의 관점에서 재미있게 풀어놓았다.

기후변화 교육

기후변화 교육의 필요성

현재 우리나라에서 진행되고 있거나 연구되고 있는 기후변화 대응 교육은 기후변화에 대한 이해당사자에 대한 고려가 반영되지 않은 일반적인 내용의 기후변화 대응 교육이다. 그러나 기후변화 대응이 효과적으로 이루어지기 위해서는 교육 대상의 환경 및 사회에서의 역할에 적합한, 기후변화에 가장 잘 대응할 수 있도록 고안된 교육이 실시되어야 한다. 여성을 대상으로 하는 기후변화 대응 교육은 기후변화가 여성에게 어떤 영향을 미치는지, 여성이 기후변화에 대해 어떤 책임을 가지며 기후변화에 대응하기 위해 어떠한 역할을 수행해야 하는지 교육의 방향과 내용이 설정되어야 한다.

학습자에게 기후와 기후변화에 대한 올바른 지식과 인식을 갖도록 하며, 현재의 환경문제뿐만 아니라 미래의 환경문제 해결을 위한 의사결정 능력 함양을 통하여 올바른 기후소양을 갖춘 시민으로 육성하기 위하여 학교에서의 기후소양 함양을 위한 기후변화 교육이 요구된다.

2013년부터 실시되고 있는 발리로드맵Bali roadmap에 따라 우리나라는 온실가스 자발적 감축 대상국으로서 본격적으로 온실가스 감축을 수행해야 할 시점에 와 있다. 온실가스 감축을 위해서는 국민들의 인식 전환을 통한 저탄소형 생활 문화 확산이 필수적이라 할 수 있다. 그동안 학계에서는 기후변화에 대한 위기의식과 심각성에 대한 자각이 점차 고조되고 그 논의가 활발한 진전을 보여왔다.

그럼에도 불구하고 최근 우리나라 설문조사 결과 응답자의 31.2%만이 기후변화 관련 정책이 환경보전 및 기후변화에 '도움이 되었다'고 응답하였다. 이는 기후변화 문제의 해결을 위하여 주민들의 이해와 인식을 높이는 기후변화 교육활동 역시 제 역할을 수행하지 못하고 있음을 알 수 있다. 따라서 앞으로의 기후변화에 대응하기 위해서는 보다 적극적으로 기후변화 교육의 내용과 방법에 대한 모색이 이루어져야 할 것이다.

특히 기후변화는 오랜 시간에 걸쳐 지속적인 영향을 미치기 때문에 미래의 기후변화 문제의 예방적 측면에서, 또 어린이들이 기후변화로 인한 이상기후나 전염병 등의 피해와 보다 직접적인 관련을 가진다는 당위성 측면에서, 초등학교에서의 기후변화 교육이 더욱 중요성을 가진다고 할 수 있다. NWF(2009)의 기후변화 교육 지침에서는 초등학생의 경우 기후변화에 관련된 기본적이고 구체적인 지식이 중요하며 특히 자신을 둘러싸고 있는 세계를 중심으로 관찰이나 탐구를 통한 학습이 필요하다고 언급하였다. 즉, 초등학교에서의 기후변화 교육은 앞으로 지속적인 기후변화 교육의 기반이 될 수 있는 기후변화 관련 지식을 학습한다는 점에서 중요하다.

기후변화는 직접적인 영향뿐만 아니라 간접적 혹은 연쇄적인 영향으로 자연 및 인간계에 영향을 미치고, 다양한 변화요인과 상호작용들로 인해 이를 명확히 규정하고 규명하는 데 한계가 따른다.

기후변화와 관련한 많은 연구들이 이뤄지고 있지만, 기후변화의 영향을 정량·정성적으로 평가하고, 이에 대한 지역별 취약성을 바탕으로 적응 대책을 세우는 일련의 과정들은 아직까지 신뢰할 수 있는 과학적 연구를 기반으로 이뤄지지 못하고 있다.

기후변화 교육의 필요성은 사회적인 측면과 개인적인 측면으로 나누어 생각해 볼 수 있다. 사회적인 측면으로는 첫째, 전 지구적인 기후변화 대응을 통해 모든 인류와 미래 세대의 삶의 터전을 지켜나가기 위해서 기후변화 교육이 필요하다. 급격한 기후변화는 인간을 포함한 모든 생명체에게 위협이 되는데, 기후변화 교육은 기후변화 대응을 위한 책임 있는 행동을 실천할 수 있는 시민 양성 방안이 될 수 있다. 둘째, 기후변화 교육은 온실가스 감축을 위한 수단이 될 수 있다. 2007년 국회에서 개최된 기후변화 대응전략 심층 토론은 에너지 산업 부문에 국한된 정부 대책에 대해 지적하고, 국민의 인식과 참여를 높여야 한다고 주장하면서 학생들에 대한 기후변화 교육의 의무화를 해결 방안으로 제시하였다.

개인적인 측면으로는 기후변화 교육은 인간과 인간을 둘러싼 환경을 제대로 바라볼 수 있게 도와주며 인간의 성숙에 기여할 수 있다. 기후변화는 자연현상은 물론 사회적, 경제적, 정치적 여러 방면과 연관되는 주제로, 기후변화 대응 교육을 사회과학적 지식과 자연과학적 지식을 통합하는 총체적 성격을 지니기 때문에 기본적으로 인간의 성숙을 가져올 수 있다(조용개, 2001).

기후변화 교육의 핵심개념과 원칙

기후변화 교육은 자신이 기후에 미치는 영향과 기후가 자신과 사회에 미치는 영향을 이해하고 기후변화에 대한 의사소통과 의사결정이 가능하도록 하는 시민을 길러내는 것이다. 미국 콜로라도 주에 소재하는 아스펜 지구변화연구소Aspen Global Change Institute, AGCI는 기후변화와 기후변화 교육에 대한 관심이 높아지던 1990년부터 기후변화를 연구하는 전문가

- 지구 기후변화는 정상적인 지구 시스템에서도 발생한다.
- 최근 발생하는 지구 기후변화의 주요한 요인은 인간 활동이다.
- 지구 시스템은 복잡한 상호작용으로 연결되어 있다.
- 지구의 변화는 모든 생명체에 영향을 미친다.
- 지역적 · 지구적 변화는 상호 연관되어 있다.

출처 : AGCI(2003).

들과 교사들이 워크숍을 통해 기후변화 교육의 다섯 가지 핵심개념을 제시하였다(AGCI, 2003). 기후변화 교육의 다섯 가지 핵심개념은 기후변화는 정상적인 지구시스템에서도 발생하며, 지구 기후변화의 주요한 원인을 인간이 제공하고 있음을 나타내고 있다. 또한 지역적 및 지구적 환경의 변화는 상호 연관되어 있으며, 지구의 모든 생명체에도 영향을 미침을 포함하고 있다.

또한 미국 국립 해양대기청 등이 참여한 지구변화 연구 프로그램US Global Research Program, US GRCP은 기후소양을 발표하면서 기후를 이해하는 기본원칙을 일곱 가지로 제시하였다(US GRCP, 2009). 기후를 이해하는 기본원칙은 지구 기후시스템의 구성요소들이 복잡하게 상호 연관되어 있으며 그들의 상호작용에 의해 조절된다는 것을 나타내고 있다.

이들이 제시하고 있는 기후변화 핵심개념과 기본원칙을 살펴보면 궁극적으로는 인간 활동이 기후변화에 영향을 미치고 인간의 삶에 중요한 영향을 미친다는 점을 강조하고 있다. 또한 기후변화 현상은 지구 기후시스템과 복잡한 상호작용에 의해 조절됨을 강조하고 있다. 따라서 기후변화 교육은 이들 핵심개념과 기본원칙을 바탕으로 기후변화의 현상

- 태양은 지구 기후시스템의 에너지 근원이다.
- 기후는 지구시스템의 구성요소들 간의 복잡한 상호작용에 의해 조절된다.
- 지구상의 생명체는 기후에 의존하고 기후에 영향을 받는 동시에 기후에 영향을 미친다.
- 기후는 자연과 인간의 영향을 통해 시간과 공간에 따라 변화한다.
- 기후 시스템에 대한 우리의 이해는 관찰, 이론 연구, 모델링 등을 통해 발전하였다.
- 인간 활동은 기후시스템에 영향을 미친다.
- 기후변화는 지구시스템과 인간의 삶에 중요한 영향을 미치게 된다.

출처 : AGCI(2003).

과 원인 그리고 영향을 다양하게 다루면서 교육의 대상에 따라 적절한 내용으로 구성되어야 한다(우정애, 남영숙, 2012a; 2012b).

우리나라의 기후변화 교육

우리나라의 기후변화 교육 사례는 크게 환경보전 시범학교, 환경교육 시범학교, 에너지 절약 시범학교, 학교 숲 시범학교 운영 등으로 나누어 볼 수 있다. 환경부에서 실시한 환경교육 시범학교는 1985년 이후 시작되어 현재까지 200개가 넘는 학교가 시범학교로 지정되어 운영되었다. 환경교육 시범학교의 운영 목적은 환경교육을 통하여 어린이, 청소년들에게 환경을 소중히 여기는 마음을 심어주고 생활 속에서도 환경보전을 실천하도록 유도함으로써 현재의 환경문제를 해결하고 미래의 환경문제를 예방할 수 있는 능력을 가지도록 하는 데 있다.

아울러 시범학교의 운영을 통해 학교가 가정과 지역사회의 환경보전 활동에 촉매 역할을 담당함으로써 학교의 울타리를 넘어 가정, 지역, 사회로 환경보전 의식을 확산하는 것도 중요한 운영 방향이다. 이를 통해 학교뿐만 아니라 가정과 지역사회의 환경에 대한 관심과 환경보전 활동에의 참여도가 제고되며 지역사회의 특성에 맞는 교육주제의 운영으로 실질적이고 구체적인 환경교육이 가능하게 된다.

에너지관리공단에서 추진하고 있는 에너지 절약 시범학교는 에너지 관련 교육활동을 실시하여 에너지 절약에 대한 의식을 고취하고, 관련 체험활동을 통해 에너지 절약 의식을 계도하고, 에너지 절약 습관을 생활화함으로써 지역사회와 연계하여 에너지 절약 운동을 확산시키는 데 목적을 두고 있다. 에너지 절약 시범학교는 에너지 절약을 통해 발생하는 이산화탄소의 양을 줄이고 이를 통해 기후변화에 대응하는 교육이 가능하도록 하는 것이다(에너지관리공단, 2007).

우리나라의 기후변화 교육은 최근 들어 여러 분야에서 실시되고 있다. 환경관리공단은 2007년 기후변화 국가홍보 포털 사이트를 개설하고 사이트 내에 기후변화 교육을 위한 어린이 교실 페이지를 따로 마련하고 있다. 에너지관리공단에서는 기후변화 내용을 포함한 에너지 환경교육을 위한 교재를 발간하였으며, 녹색연합 등 여러 환경단체에서도 단기적인 기후변화 교육 프로그램을 운영하고 있다. 하지만 체계화된 기후변화 교육지침의 부재로 인해 기후변화 교육은 부분적·단기적으로 이루어지고 있는 실정이다. 더구나 학교교육에서는 기후변화와 이에 대한 대응 방안에 대해 충분히 다루고 있지 않은 상태이다(최돈형, 김찬국, 2008).

1997년 12월 31일자로 고시된 제7차 교육과정 편성·운영지침에 따르면 초등학교 환경교육은 확대된 재량활동을 통하여 중점적으로 지도

하고, 학교교육 전반에 걸쳐 통합운영되도록 하고 있으나, 환경교육은 물론 기후변화 교육에 관한 뚜렷한 목표와 내용은 구조화되어 있지 않다. 중학교와 고등학교 과정에서는 환경과목이 존재하며 기후변화 주제도 교육내용 속에 포함되어 있지만, 그 비중이 적고 환경과목이 선택과목으로 지정되어 있어 기후변화 교육은 제한적으로 이루어지고 있다.

이러한 현실에서는 단편적인 시각으로 기후변화를 인식할 수밖에 없으며, 기후변화로 인한 현상이나 문제를 총체적으로 이해할 수 없다. 학습자가 기후변화 현상을 총체적으로 이해하고 이를 바탕으로 기후변화 대응방안을 능동적으로 판단하고 실천할 수 있는 교육이 이루어지기 위해서는 우선 기후변화 교육의 목표설정 및 내용의 구조화가 필요하다.

지속가능발전교육

SDGs는 목표 5의 세부목표를 통해 성평등 및 정치, 경제, 공적 생활에 관한 의사결정의 모든 단계에서 여성의 완전하고 효과적인 참여와 평등한 기회를 보장하고 있다. 또한 목표 4의 세부목표에서는 그 내용으로 모든 소녀와 소년이 자유롭고 공평하게 수준 높은 초등 및 중등교육을 마칠 것을 제시하고 있으며 이와 더불어 모든 학습자들이 지속가능한 생활양식, 인권, 성평등, 평화와 비폭의 문화 증진 교육을 통해 지속가능한 개발을 촉진시키기 위한 지식과 기술을 습득하도록 제시하고 있다.

이러한 관점에서 지속가능발전에 대한 여성들의 리터러시를 신장하기 위한 다양한 교육적 접근이 필요하다는 시대적 요구를 알 수 있다. 따라서 여성들의 지속가능발전에의 참여를 위해 갖추어야 할 리터러시에 대해 알아보고자 한다.

지속가능발전교육의 개념

지속가능발전교육(ESD : Education for Sustainable Development)은 지속가능한 미래와 사회 변혁을 위해 필요한 가치, 행동, 삶의 방식을 배

▶ 표 6-3 **지속가능발전교육의 목표**

목표		내용
1. 기초 수준	A	생태학적 기초 수준 : 학습자가 환경 쟁점에 대해 생태학적으로 건전한 의사결정을 할 수 있도록 충분한 생태학적 지식을 습득하도록 하여야 한다.
	B	감수성 요소 : 학습자가 환경 감수성 성취에 영향을 미치는 것을 보여주는 교실 내 활동과 교실 외 활동의 기회를 갖도록 한다.
	C	사회 · 문화적 요소 : 학습자가 경제적, 정치적, 법적, 사회적, 개인적 변인에 대하여 시민적으로 건전한 의사결정을 할 수 있는 충분한 지식을 습득하게 한다.
2. 개념적 인식 수준		개인적 및 집단적 행동이 삶의 질과 환경 질의 관계에 어떻게 영향을 미치는지, 그리고 이러한 행동들이 어떻게 조사, 평가, 가치명료화, 의사결정, 시민행위를 통하여 해결하여야 하는 환경 쟁점을 초래하는지에 대한 개념적 인식을 개발하려고 노력한다.
3. 쟁점조사와 평가 수준		학습자가 환경 쟁점을 조사하고, 환경 쟁점을 재조정하기 위한 대안적 해결책을 평가하는 데 필요한 지식과 기능을 개발하도록 해준다. 그리고 가치는 이러한 쟁점과 대안적 해결책에 대해서 명료화한다.
4. 환경적 행위 수준 (훈련과 적용)		학습자가 삶의 질과 환경의 질 간의 역동적인 균형을 이루고 또는 유지하려는 목적을 위해 궁극적인 환경 행동을 취하는 데 필요한 기능을 개발하도록 한다.

출처 : UNESCO(2005), 남영숙(2005)에서 재인용.

울 수 있는 사회를 지향하는 교육이다(WCED, 2005). 지속가능발전교육의 목표는 인간가치와 환경가치를 추구하기 위해 자연, 사회, 문화, 경제시스템 간의 상호 관련성에 대해 이해하고, 개인의 삶에서 나타나는 의사결정 능력을 키우며, 지속가능발전에 적극적이고 활동적으로 참여하도록 하는 것이다.

UNESCO(2005)는 지속가능발전교육의 목표를 표 6-3과 같이 4단계로 제시하고 있다.

지속가능발전교육의 목적은 기존의 물질중심, 기술중심의 고정관념에서 벗어나고 일상과 동떨어진 죽은 지식의 차원을 뛰어넘어 현상이 아닌 본질을 바라볼 수 있는 삶의 지혜를 추구하는 것이다(지승현, 남영숙, 2007). 최근 지속가능발전교육의 지도원칙은 균형성, 연계성, 통합성, 환경정의, 계속성, 참여, 일상성 등으로 보고 있다(박하나·남영숙, 2005; 남상준 외, 1999). 그리고 핵심자질은 시스템 사고, 예측 가능한

▶ 표 6-4 지도원칙 및 핵심자질

지도원칙	핵심자질
시스템 중심 및 문제해결 중심	시스템 사고, 예측 가능한 미래 지향적 사고, 상상력과 창조력, 연구 능력, 방법 능력
의사소통 중심 및 가치 중심 학습	대화 능력, 자기성찰 능력, 가치평가, 갈등해결 능력(중재 능력)
협력	협동 능력, 공동체 지향, 연결학습
상황 중심, 행위 중심, 참여 중심	결정 능력, 행위 능력, 참여 능력
자기주도	학습 과정 조직에서의 자율성, 평가 능력, 평생학습
총체성	다양한 인지 능력과 경험 능력, 다양한 소통, 지구적 시각

출처 : 조성화, 안재정, 이성희, 최돈형(2015).

미래 지향적 사고, 상상력과 창조력, 연구 능력, 방법 능력, 대화 능력, 자기성찰 능력, 가치평가, 갈등해결 능력(중재 능력) 등 다양한 능력을 양성하는 것이다.

지속가능성의 철학적 관점에서의 기준은 최상의 과학지식과 예방의 원칙을 조합하고 나아가 모든 환경기능을 대변한 것이어야 한다. 예방적 원칙은 환경파괴가 가지고 있는 불확실성, 잠재적 거대비용, 파괴적인 역전성 등을 고려한 것으로 현재의 모든 행동이 신중하게 결정되어야 함을 시사한다(Worster, 1994).

지속발전가능과 교육의 역할[2]

현재 지구 기후변화와 같이 지속가능발전을 심각하게 위협하는 많은 요인에 대한 논의가 세계적으로 폭넓게 이루어지고 있고, 우리나라도 지속가능발전을 위해 적극적으로 노력하고 있다. 교육이 미래세대를 위한 것이라면 미래세대에게 지속가능한 사회를 만드는 일에 참여할 역량을 길러주는 것은 시급하고 중요한 과제이다. 하지만 지속가능발전교육에 대한 이해와 실천이 부족한 것이 현실이다. 무엇보다도 학교 현장에 있는 많은 교사들이 지속가능발전에 대해 이해하지 못하고 있다는 점은 주목할 만하다.[3]

---

2 이 논의는 연구자가 연구집필진으로 참여하였던 환경부(2009) 초등학교 교사를 위한 지속가능발전 교육 참고교재 개발 연구보고서를 참고하였음을 밝혀둔다.
3 2005년 교사 625명을 대상으로 설문조사한 결과 전체 응답 교사의 68.2%인 426명이 지속 가능성 또는 지속가능발전이라는 말을 들어본 적이 없다고 응답하였다(이선경 외, 2006).

2002년 12월 제57차 유엔총회에서는 2005년부터 2014년까지를 '유엔 지속가능발전교육 이행 10년'으로 정하고 세계 각국이 각별한 노력을 기울일 것을 요청하였다. '유엔 지속가능발전교육 이행 10년'의 목적은 지속가능발전의 원칙·가치·시행방침을 모든 학습과정에 통합시키는 것이다. 이는 현재세대와 미래세대를 위해 보다 지속가능한 미래를 만드는 방향으로 교육적 노력을 기울일 필요가 있다는 합의에 기반을 둔다.

교육이 지속가능한 사회를 만드는 핵심적 요소이고, 지속가능발전과 교육이 매우 밀접하게 연결되어 있다는 점은 분명하다. 지속가능발전을 어떻게 해석하든 결국 이를 가능하게 하는 것은 인간이며, 인간을 변화시키거나 지속가능발전에 기여하도록 이끌기 위해서는 교육의 역할이 필수적이라고 할 수 있다(이선경 외, 2006).

우리나라 지속가능발전교육의 비전은 '교육으로 만들어가는 지속가능한 발전, 지속가능한 사회'이다(지속가능발전위원회, 2005). 즉, 개인적으로, 집단적으로 모든 사람들이 지속가능한 발전과 더불어 사는 삶을 살기 위해 필요한 가치, 행동 능력, 삶의 방식을 함께 학습하는 과정을 통해 지속가능한 사회를 만드는 것이다.

이러한 비전을 달성하기 위해 지속가능발전교육의 네 가지 목표를 설정하였으며, 이는 다음과 같다.

- 개인과 집단 모두 지속가능발전에 대한 높은 인식과 비전을 공유한다.
- 개인과 집단 모두 지속가능발전을 위한 학습 및 실행 역량을 가진다.
- 지속가능발전 이해당사자 사이의 활발한 의사소통과 강한 연대를

가진다.

- 개인과 집단 모두 지속가능발전과 지속가능한 사회 형성에 적극적으로 참여한다.

지속가능발전교육의 비전과 목표는 우리나라 내 또는 지구촌 내 여러 구성원 사이, 현재와 미래세대 간, 인간과 자연 사이의 공존과 공생을 가능하게 하기 위해 필요한 가치, 행동 능력, 삶의 방식을 함께 학습하는 과정에 초점을 맞추고 있다(이선경 외, 2005). 즉, 지속가능발전교육이 지속가능발전이라는 외부의 정책목표를 위한 것이 아니라, 지속가능발전교육을 통해 교육이 질적으로 개선될 때 궁극적으로 지속가능한 사회가 이루어진다는 비전을 기반으로 한 것이다.

이러한 점에서 생각할 때, 교육은 학습자들이 지속가능한 사회를 살아가는 데 필요한 가치를 익히도록 준비시키는 과정으로 해석할 수 있다.

지속가능발전 리터러시[4]

리터러시의 개념

지속가능발전을 이해하기 위해 고려해야 할 중요한 속성 중의 하나는 바로 전환이다(유네스코한국위원회, 2009). 현 상태의 변화와 전환, 현 상태에 대한 반성적, 변혁적 절차를 강조하는 지속가능발전은 지속 가능하지 못한 현재의 문제점과 한계점을 비판적으로 제기함과 동시에 기존의 방식과 근본적으로 다른 새로운 방향을 추구한다.

---

4 이 영역은 지승현과 남영숙(2014)을 바탕으로 작성하였다.

지속가능한 방식을 추구하는 새로운 발전 비전의 수용과 평가는 '지속가능한sustainable'과 '지속가능하지 못한unsustainable'이라는 이분법적인 방식에 암묵적인 근거를 둔다. 새로운 발전 비전인 지속가능발전을 이해하기 위해 우리가 전환해야 할 상황, 상태, 지점이 무엇인지를 이해하고 새롭게 추구해야 할 지향점이 무엇인지를 설정해야 하는데, 이러한 속성을 반영하고 있는 용어가 그동안 환경교육, 지속가능발전 교육에서 사용해 온 리터러시literacy이다.

리터러시에 대한 개념정의는 매우 다양하다. 리터러시는 시대, 사회 그리고 문화권에 따라서 서로 다른 의미로 정의하고 이해한다. 이와 같은 리터러시의 사전적 정의는 일반적으로 세 가지로 정의할 수 있다. 첫 번째는 읽고 쓸 줄 아는 능력, 두 번째는 교육을 잘 받은 혹은 교양 수준이 높은, 마지막으로 특정 분야나 특정 문제에 관한 지식과 능력이다.

우리가 흔히 '문해력', '문식력', '문식성'으로 번역해 사용하는 리터러시의 의미는 첫 번째 정의인 글을 읽고 쓰고 이해하는 능력으로서의 리터러시에 해당한다. 두 번째 리터러시의 의미는 '소양'이란 표현으로 널리 쓰인다. '인문학적 소양', '과학적 소양' 등이 대표적인 사례이다. 마지막으로 제시한 리터러시의 정의는 기능적 리터러시functional literacy와 관련이 깊다. 기능적 리터러시는 사회인으로서 특정 분야 혹은 사회적 맥락에서 사회적 기능과 역할을 수행하는 데 필요한 기본적인 능력을 의미한다.

21세기 지속가능발전 시대를 맞이하여 지속가능한 사회에 필요한 리터러시는 무엇인가? 지속가능성 리터러시sustainable literacy와 같이 기존 학문 분야에서 일반적으로 사용하던 용어인 환경 리터러시environmental literacy,

생태 리터러시ecological literacy, 기후소양climate literacy 등의 개념과 유사하거나 의미가 확충된 개념이 새롭게 등장하는 경우 학술적으로 검토를 하는 작업은 반드시 필요하다. 또한 지속가능발전교육의 등장과 발전 과정에서 리터러시의 개념이 어떻게 받아들여지고 있는지를 살펴보는 것도 향후 지속가능발전 교육의 일환으로 리터러시 교육의 범주와 체계를 설정하는 데 반드시 필요한 부분이다.

리터러시의 다양한 정의를 중심으로 지속가능발전교육 분야에서 접근하는 독일은 지속가능발전을 이해하기 위한 주요 접근방법 중의 하나로 지속가능발전교육을 통해 문명–자연시스템에서 지구 문제를 초래한 지속 불가능한 개발과 성장 방식의 원인과 결과 그리고 주요 형태를 구조화하는 접근방식을 추구한다(정미숙, 2005).

이제까지 국내 환경교육은 미국 환경교육에서 발전시켜 온 환경 리터러시를 받아들여 환경 소양이라는 용어를 사용해 왔으며, 이와 동시에 생태 리터러시라는 용어를 사용하기도 하였다. 최근에는 지속가능발전의 개념이 점차 보편화됨에 따라 영국 학계와 유네스코를 중심으로 지속가능성 리터러시라는 용어가 새롭게 사용되고 있다. 그러나 아직까지 기본적 리터러시와 지속가능발전교육의 관계, 교육의 변화와 전환을 추구하는 소양으로서의 리터러시, 그리고 지속가능발전교육을 통해 개인·집단·사회 수준으로 다루어져야 할 구체적인 기능적 리터러시에 관한 연구는 미비한 수준이다.

기본적 리터러시와 지속가능발전교육

언어란 근본적으로 이를 공동으로 사용하는 사람들의 관계를 규정해 주는 역할을 한다. 리터러시는 한 개인의 언어를 읽고 쓸 수 있는 능력(기술)이며, 곧 자신이 누구이며, 무엇을 경험하였는지, 그리고 세계와 언어에 대해서 무엇을 알고 있는지 등 모든 것을 반영하고 있다. 읽고 쓰는 능력, 즉 문해력은 사람들에게 문자를 읽고 쓰는 데 기여할 뿐만 아니라 어떤 이미지, 특정 상황에 내재되어 있는 메시지를 해석하고 받아들이는 능력에도 중요한 역할을 한다.

이 같은 언어의 문화적 속성을 고려하면, 리터러시는 단지 몽매한 대중들에게 단어만을 읽고 쓰게 하는 능력이 아니라 복잡한 사회적 환경과 상황 속에서 그 본질을 이해할 수 있는 복잡한 개념으로 정의된다. 결국 인간은 자신이 속한 독특한 인간관계에 개입된 다양한 사회적 상황에서 요구하는 특정한 리터러시를 획득할 수밖에 없게 된다(김양은, 2005).

따라서 각 개인들은 사회 · 역사 · 문화적으로 규정되고 변화하는 리터러시의 속성에 의해서 서로 다른 방식의 리터러시를 구사하게 되는 것이다. 최근 들어 리터러시의 개념이 기능적 리터러시로 변화하면서 개인별로, 문화별로, 사회적 상황별로 다양한 리터러시 개념이 등장하게 되는 원인도 바로 여기에 있다.

이러한 맥락에서 지속가능발전교육에서도 리터러시에 대하여 논의될 수 있다. 지속가능발전교육은 유엔에서 오랫동안 진행해 온 교육사업, 환경 및 지속가능발전의 역사에서 그 기원을 찾을 수 있다. 2002년 지속가능발전 세계정상회의에서 지속가능발전 비전과 실천에 대한 합의를 이끌어내는 과정을 통해 '만인을 위한 교육'과 '새천년발전목표'와 같은 기존 교육사업 목표에 기반을 둔 지속가능발전교육 10년을 제안하였다.

이후 2002년 12월 제57차 유엔총회에서 이를 받아들임으로써, '유엔 지속가능발전교육 10년(2005~2014)'이 지정되었다(UNESCO, 2005). 이후 지속가능발전교육을 보급하고 발전시키는 과정에서 지속가능발전 교육의 이론 체계화의 일환으로 읽고 쓰는 능력을 의미하는 기본적 리터러시basic literacy를 중요시하는 만인을 위한 교육education for all과 지속가능 발전교육의 관계에 대한 연구 결과가 등장하였다(Wade & Parker, 2008).

두 교육 모두 기초교육의 질과 접근성을 강조하고 있지만, 만인을 위한 교육이 집중하고자 하는 양질의 기초교육은 읽고 쓰는 능력을 의미하며, 그 대상 역시 기초교육으로부터 소외된 이들에게 집중한다. 반면, 지속가능발전에서 읽고 쓰는 기초교육을 강조하는 것은 만인을 위한 교육과 동일하나 강조점은 다르다.

지속가능발전교육에서 기본적 리터러시를 강조하는 지점은 지속가능 발전의 보급과 발전을 뒷받침하는 방법적 차원에서 이해할 수 있으며, 그 적용 범위도 주로 문맹률이 높은 3세계 국가를 대상으로 한 지속가능 발전 및 지속가능발전교육에 해당한다. 기초교육이 보급되지 않은 상태에서는 교육을 통해 전달하고자 하는 지속가능발전교육의 근본원칙, 가치, 내용 등이 제대로 전달되기 어렵기 때문이다.

소양으로서의 리터러시와 지속가능발전교육

리터러시 개념은 단순히 읽고 쓰는 능력만을 가리키지 않는다. 시민혁명과 산업혁명 전후의 교육, 교양의 범위는 읽고 쓰는 능력의 범주에 한정되어 있었지만, 사회·경제 체제가 발전하면서 리터러시는 역사적 조건에 따른 사회적 실천행위이며 가치, 태도 및 인식이 반영되어 있는 문화적 현황에 내재되어 있는 메시지를 해석하고 받아들이는 능력에도 중요한 역할을 한다(McLuhan, 1965).

읽고 쓰는 능력, 즉 문해력은 사람들에게 문자를 읽고 쓰는 데 기여할 뿐만 아니라 어떤 이미지, 특정 상상을 포괄하는 복합적인 개념으로 발전하였다. 이를 반영한 리터러시의 의미가 바로 교육을 잘 받은 혹은 교양 수준을 의미하는 소양으로서의 리터러시이며 '인문학적 소양', '과학적 소양'과 같이 특정 분야에서 갖추어야 할 기본적인 가치, 지식, 태도 등을 포괄하기도 한다.

전통적인 환경교육에서부터 시작해 지속가능발전교육으로 진화해 오늘날에 이르기까지 소양으로서의 리터러시 의미를 지닌 전문용어들이 등장하였고, 이들 용어들은 환경교육 혹은 지속가능발전을 위한 교육에서 중요한 위치를 차지하고 있다. 그 대표적인 용어가 바로 환경 리터러시, 생태 리터러시 그리고 지속가능성 리터러시이다. 각각의 용어를 정의, 출발점, 발달 과정 및 강조점, 학문 분야 등으로 나누어 살펴보면 표 6-5와 같이 요약할 수 있다.

1990년대 이후 환경교육의 발전과 함께 북미 환경교육과 국내 환경교육의 궁극적인 목표로 강조되어 온 환경 리터러시, 생태주의와 교육의 접목을 통해 지속가능한 사회와 생명 중심의 교육시스템 전환을 강조하는 생태 리터러시, 지속가능발전의 개념이 정립되고 지속가능발전교육 10년 주간과 함께 본격적으로 대두된 지속가능성 리터러시는 시대별·지역별 차이로 인해 구체적인 모습은 일치하지 않는다.

그러나 세 용어가 공통적으로 합의를 하는 부분은 환경교육 혹은 지속가능발전 교육 이전의 기존 교육이 인간과 자연의 관계, 지구시스템,

▶ 표 6-5 환경 리터러시, 생태 리터러시, 지속가능성 리터러시 비교 분석

구분	환경 리터러시	생태 리터러시	지속가능성 리터러시
정의	• 환경에 관해 잘 교육받은 수준과 정도(Roth,1992)	• 지구상의 모든 생명을 부양하는 자연시스템의 원리와 원칙을 이해하고 인간사회에 적용할 수 있는 능력 수준	• 지속가능발전의 필요성을 이해하는 수준 • 지속가능발전에 필요하고 적합한 행동 수준 • 지속가능발전의 수준과 정도를 인지할 수 있는 능력 수준
용어의 출발점	• 환경문맹(Roth, 1968)	• 환경과 교육의 위기(Orr, 1992)	• 지속가능발전의 올바른 이해와 적용(Butcher, 2007)
강조점	• 환경교육의 궁극적인 목표 • 환경 소양의 구성요소 −인지(생태적 지식, 사회정치학적 지식, 환경쟁점 지식, 환경행위, 전략 지식), 정의(인식, 환경 감수성, 태도, 책임감, 조절점, 정서), 기능(기능, 평가), 행동(책임 있는 환경행동, 참여)	• 생태적 사고 • 시스템 사고	• 세계관 변화를 통한 행동 변화
교육과의 연계	• 환경교육	• 교육의 전환, 생태교육	• 교육의 전환 • 지속가능발전교육(영국)

출처 : 지승현, 남영숙(2014).

환경문제 해결 등을 적절히 제공하지 못했고, 이로 인해 지구환경, 인간과 자연의 관계 등에 대해 전혀 소양을 갖추지 못한 문제점을 야기하고 있음을 비판하고 있다는 점이다. 그리고 세 용어 모두 교육을 통해 기존 교육의 한계점을 극복하기 위해 환경의 시대, 지속가능발전이라고 하는 역사적 조건, 친환경 혹은 지속가능발전의 가치, 태도 및 인식을 반영하고자 하는 소양으로서의 리터러시를 지향하고 있다.

환경 소양의 정의에 대해 명확하게 합의된 정의는 없으나, 여러 학자들의 논의를 종합해 보면 환경 소양이란 인간과 환경과의 상호작용을 이해하고, 환경시스템과 관련된 지식을 인식하며, 환경의 회복을 위해 올바른 태도를 취하고 능동적인 참여를 하는 것으로 이해할 수 있다(진옥화, 최돈형, 2005; 정현희, 2006).

기능적 리터러시와 지속가능발전교육

지속가능발전교육은 기존의 산업사회에 유용했던 기존 교과 중심 국가교육과정의 틀을 지식 기반 사회, 지속가능한 사회에 유용한 역량 중심으로 전환하는 것을 강조하며, 이에 적합한 기능적 리터러시 개념의 체계화가 수반되어야 한다. 그러나 앞서 살펴본 바와 같이 환경 리터러시, 생태 리터러시, 지속가능성 리터러시의 개념은 소양 수준으로서의 리터러시 개념은 정립되어 있으나, 이를 구체적인 기능적 리터러시의 영역으로 체계화하고 교육을 제공하는 부분은 아직 체계화되어 있지 못하다.

환경 리터러시는 환경교육의 발전 역사를 통해 다른 두 리터러시의 개념에 비해 학문적으로 체계화되어 왔으나, 지속가능발전의 개념과 발달 과정을 적극적으로 수용하고 있는지에 대해서는 면밀한 검토가 요구된다. 또한 생태 리터러시와 지속가능성 리터러시의 개념은 지속가능발전이 지향하는 사회와 교육의 비전을 적극적으로 지향하고 있으나, 구체적인 수준의 이론 및 내용은 체계화되어 있지 못한 실정이다.

한국유네스코위원회는 지속가능발전교육에서 강조하는 모든 수준에서 지향해야 할 학습 성과를 ① 비판적이고 반성적인 사고, ② 복잡성의 이해와 체계적인 사고, ③ 미래에 대한 사고, ④ 변화의 계획과 관리, ⑤ 분야들 간의 관계성 이해, ⑥ 다양한 맥락과 학습을 연계할 수 있는 능력, ⑦ 불확실한 상황을 포함한 의사결정, ⑧ 위기·위험 대처, ⑨ 지역적·세계적으로 책임감 있게 행동하기, ⑩ 가치를 파악, 명시할 수 있는 능력, ⑪ 타인을 존중하는 능력, ⑫ 이해관계자에 대한 이해, ⑬ 민주적 의사결정 참여, ⑭ 협상과 전체적 합의를 포함하는 커뮤니케이션 능력 등 14개로 제시하고 있다.

향후 지속가능한 사회의 특성과 맥락을 고려해 지속가능발전의 기능과 역할을 수행하는 데 필요한 기능적 리터러시를 지속가능발전교육이 강조하는 학습 성과와 상호 연계하여 체계화하는 것이 지속가능발전교육에서 추구해야 할 기능적 리터러시의 과제이다.

정책제도적 접근

환경정책과 젠더

환경정책은 그 목표와 운용법칙, 가치 추구에서 다른 정책들과 차별화되어야 한다. 보통의 정책들이 경제 만족과 성장 위주의 목표를 가지고 있는 반면 환경정책은 반드시 발전 논리와 일치하지는 않으며 때로는 경제 논리에 위배되는 목표를 가질 수도 있다. 환경정책은 '공익公益'을 개인적인 욕구에 우선시키고 즉각적인 만족보다는 인내와 장래를 고려하는 철학을 배경으로 한다. 하지만 우리나라의 환경정책은 철학적 사고에서 출발하기보다는 1970년대 산업화의 예상치 못한 부정적 결과에 대한 대증요법으로 실시되어 왔다. 또한 환경정책의 역사가 일천하고 환경 논리의 당위성이 충분히 수립되어 있지 않은 상태에서 정치적으로 환경행정의 힘이 약해 산업과 환경을 구조적으로 연결시키지 못하고 있는 형편이다. 이러한 상황에서 우리의 환경정책에 철학적 시각을 부여하고 환경정책의 새로운 발상을 유도하는 것은 시급한 과제임이 분명하다.

더구나 우리 환경정책은 남성 중심적 시각에서 만들어지고 남성 위주로 운용되었다. 지금까지 환경정책과 행정에서 결여되었던 것이 여성의 목소리이다. '환경을 위한 세계 여성회의(1992)'에서도 제기되었듯이 환경문제를 해결하기 위해서는 좀 더 철저한 의식과 사고의 전환이 필요하고 그것은 여성적 시각의 도입과 여성의 평등한 참여를 포함한다. 환경 분야에서 여성적 시각은 단순히 여성의 참여와 대표성만을 주장하는 것은 아니다. 여성적 시각은 현재의 발전과 성장의 경제 논리에 대한 대안으로서 순환적이고 지속적인 논리를 주장하며 자연을 대상이 아닌 그 자체의 주체로 존중하며 환경을 별개의 영역이 아닌 경제, 사회, 문화와 얽힌 통합적인 구조로 보기를 주장한다.

환경 논의와 정책결정에 있어서 적극적으로 젠더적 시각을 통합함으로써 단순히 여성의 정치참여를 늘리고 여성의 이익을 대변하는 것 이상의 효과를 얻고자 한다. 즉, 환경정책을 더욱 효율적으로 운영하고 환

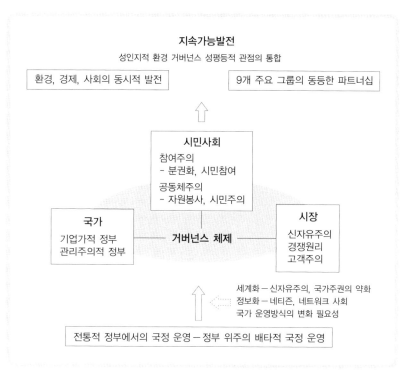

그림 6-2 **성인지적 환경 거버넌스와 지속가능발전의 실현**

출처 : 환경부(2004). 지속가능하고 성인지적인 환경 거버넌스의 기반 조성 연구.

경정책에 새로운 시각을 제공할 뿐 아니라 철학적 토대를 부여하여 환경행정에 대한 새로운 발상을 유도하는 것이 중요하다.

그림 6-2에서는 성인지적 환경 거버넌스의 구축을 통한 지속가능발전의 실현 가능성을 제시하고 있다.

다음은 환경정책에서의 여성과 연결된 정책 사례 중 폐기물 관리 정책과 내분비계 장애물질 관리 정책 사례를 구체적으로 살펴본다.

폐기물 관리 정책

폐기물 관리 정책 중 음식물쓰레기 관리 정책, 일회용품 관리 정책, 그리고 쓰레기 종량제에 대한 성 분석을 시도하였다. 결론적으로 이 정책들은 성 관점이 부족하다고 할 수 있는데 이는 사회의 성역할 구조와 변화를 충분히 고려하지 못했기 때문이라고 할 수 있다. 폐기물 관리 정책 중 음식물쓰레기 정책은 특히 성 관점을 도입할 필요성이 크다. 시민들이 어디서 음식을 섭취하는지, 어떤 음식을 섭취하는지, 누가 조리를 하는지, 어떤 재료를 사용하는지를 고려하여 만들어야 한다. 우리나라의 음식물쓰레기 관리 정책은 음식 섭취는 가정에서 이루어지고 음식 조리는 여성이 전담한다는 전제하에 운용되고 있어 변화하는 국민 생활양식이나 성역할 구조를 고려하지 못하고 있다고 지적된다. 이는 다시 효율적인 음식물쓰레기 관리 정책을 전개할 수 없는 한계로 이어진다. 일회용품 관리 정책도 같은 맥락에서 문제점이 존재한다. 현재의 일회용품 관리 정책은 수요 관리 정책으로서 일회용품 사용을 최대한 억제하는 것을 목표로 한다. 하지만 현대인의 만성적 시간 부족과 여성 경제활동의 증가와 여가에 대한 요구 증가로 인한 가사 시간의 감소, 남성 가사의 증가 그리고 단독가구 증가로 인한 비숙련자에 의한 가사노동의 증가 등은 일회용품의 사용을 늘릴 수밖에 없는 현실이어서 환경을 위해 일회용품 사용을 자제하기만을 요구하는 것은 무리이다. 효율적인 일회용품 관리를 위해서는 국민의 생활습관과 경제활동에 대한 심층적인 분석이 필요하다. 마지막으로 쓰레기 종량제 정책을 보면 이는 가정에서의 분리수거라는 수단을 사용하고 있는데 결국 가정에서 분리수거에 참여하는 인력이 대부분 여성이라는 점에서 정책을 수행하기 위한 의무가 성별로 공평하게 부여되지 않고 있다고 할 수 있다. 쓰레기 종량제는 사업장 쓰레기보다는 가정의 쓰레기를 줄이는 데 중점을 두었고 또한 가정의 쓰레기를 줄이기 위해서는 여성의 무불無佛 노동에 의존하고 있다는 점에서 결과적으로 성차별적인 정책이라고 할 수 있다.

내분비계 장애물질 관리 정책

내분비계 장애물질 문제를 접근하는 국내의 시각에서 무엇보다 먼저 지적해야 할 문제가 담론화 과정에서의 남성중심주의적 시각의 문제이다. 환경호르몬에 대한 담론이 '남성성의 위기'로만 편향된 반면 여성의 건강 문제는 매우 부차적인 문제로 다루어지고 있다. 환경호르몬에 대한 사회적 담론이 형성된 1998년 언론 기사 중 여성 건강 문제와 관련된 기사는 단지 4건에 불과하다. 그것도 다이옥신이 함유된 초유가 태아의 건강을 위협할 수 있다는 것이 주를 이루고 있어 여성의 몸에 대한 직접적 작용, 여성 건강에 대한 영향과 관련된 내용은 환경호르몬이 유방암 발병에 영향을 미칠 수 있다는 연구 결과 보도 1건에 불과하였다.

둘째, 정책결정 과정에서의 여성 참여가 부족하다. 현재 내분비계 장애물질 대책협의회에는 총 30인이 참여하고 있는데 정부 측 12인, 국책연구기관 5인, 학계 7인, 산업계 4인, 시민단체 2인으로 이 중 여성은 4인에 불과하여 여성적 관점의 반영은 차치하고 성비 자체가 매우 불균형한 상황임을 알 수 있다. 이는 전체 13%의 참여율로 정부가 '2002년까지 각종 위원회의 여성 참여율 30% 확대'를 실천과제로 제시한 것과는 거리가 멀다. 국내 유일한 환경호르몬 관련 의사결정 자문기구인 대책협의회도 시민의 입장을 대변할 수 있는 여성단체, 여성 건강 관련 전문가의 참여율이 제고되어야 할 것이다.

마지막으로 여성을 고려한 연구조사 및 정책이 존재하지 않는다. 환경 악화로 인한 영향, 특히 환경호르몬과 같이 여성의 건강에 더욱 민감한 영향을 미치는 독성물질에 대한 관리와 대책이 국제적으로 주목되고 있으나 국내적으로는 환경 악화가 전 생애에 걸쳐 여성 건강에 미치는 영향과 규제 방안 마련을 위한 환경 위험 조사는 전무한 실정이다. 환경호르몬이 생물적으로뿐만 아니라 사회문화적으로 다른 환경에 위치해 있는 여성에게 더욱 민감한 영향을 미친다는 증거가 다양하게 제시되고 있는 상황에서 여성의 전 생애주기를 고려한 지역 차원의 환경호르몬의 여성 건강 영향평가를 위한 데이터의 수집, 장기적이고 체계적인 연구조사 계획이 조속히 수립되어야 할 것이다. 여성을 위한 교육홍보 및 정보에 대한 접근성 강화 역시 중요한 해결책이다.

2002년 요하네스버그 환경회의에서는 여성의 재생산과 생식건강에 대한 권리를 여성의 기본 인권으로 포함시킬 것을 논의하였다 (Johannesburg Summit, 2002). 화학물질과 내분비계 장애물질 등이 여성 건강에 미치는 영향에 대해서는 건강한 여성, 건강하지 못한 여성, 임신 여성, 수유 여성의 범주로 나누어 자세한 보고서를 만들 필요가 있으며 (WEDO, 1999) 이러한 물질들에 대한 관리 정책은 전술한 통계를 바탕으로 수립되어야 한다. 현재의 다이옥신 등의 제한 기준은 여성의 몸에 미치는 영향을 고려하지 않은 것이다. 아직 이러한 물질들이 여성의 몸에 미치는 영향에 대한 결정적인 증거가 나올 때까지 조치를 하지 않는 것은 미래의 사회를 위해 무책임한 행동이다. 성 관점을 통합한 환경정책은 바로 이러한 필요를 충족시키는 것이어야 한다. 내분비계 장애물질 관리에 관한 구체적인 제안은 다음과 같다.

첫째, 내분비계 장애물질 대책협의회를 비롯한 환경호르몬 관련 의사결정 과정에 여성의 참여율이 제고되어야 한다. 특히 여성단체, 여성 건강 관련 전문가의 참여를 강화하여 여성 입장이 제대로 대변될 수 있어야 한다.

둘째, 여성의 전 생애주기를 고려한 환경호르몬이 여성 건강에 미치는 영향에 대한 장기적이고 체계적인 연구조사 계획이 수립되어야 한다. 환경호르몬과 유방암을 비롯한 여성암, 자궁내막증과의 관계, 태반의 화학물질 농도와 태아에 미치는 영향에 대한 연구가 조속히 이루어져야 할 것이다.

셋째, 여성들의 환경호르몬의 유해성에 대한 정보의 접근성을 높이기 위해 정부 차원의 홍보 및 교육, 환경호르몬 의심물질의 사용 여부를 제품 포장에 명기하고 경고 문구를 삽입하는 등의 보호조치가 이루어져야 할 것이다.

기후변화와 성평등

성평등은 지속가능한 발전의 전제조건이며 유엔새천년개발목표에서 중심적 가치임에도 아직까지 기후변화 정책에서 성평등을 발견할 수 없다(WEDO, 2009). 1995년 베이징에서 개최된 제4차 세계여성회의에서 젠더 이슈를 국제 정책 형성에서 기본조건으로 세웠음에도 불구하고, 1997년 교토 의정서에는 젠더 이슈가 무시되었던 경험도 있다. 이에 대한 대안으로 성주류화 프레임과 젠더 통합된 기후정책이 등장한다. 이 둘은 같은 패러다임에 속하지만 다소 차이가 있다. 전자는 젠더에 무게중심을 두는 반면, 젠더 통합된 기후정책은 '정책 통합'을 강조한다.

우선 기후정책 통합은 두 가지 차원에서 정의할 수 있는데, 첫째로는 기후변화 완화 및 적응의 목표를 다른 정책 영역(환경정책뿐만 아니라 비환경정책까지 포함)의 모든 단계의 의사결정에 결합시키는 것, 둘째로는 기후변화 완화와 적응을 위해서 예상되는 결과를 정책의 전반적인 평가와 연결시키며, 기후정책과 다른 정책 사이의 갈등을 최소화하려고 노력하는 것이다(한재각 외, 2009). 여성계에서도 기후정책과 프로그램에 젠더를 통합하는 것은 최선의 방식으로 간주되고 있다(Röhr, 2009).

유엔 등 국제사회는 기후변화와 젠더에 대한 평가와 정책에 대해 주로 성주류화 프레임을 택하고 있다(UNDP, 2009). 그림 6-3은 여성 발전에 대한 패러다임의 변화를 시기적으로 구분한 것인데, 현재 주류적 패러다임인 성주류화 전략이 기후변화에도 적용되고 있다.

국내에서도 성주류화의 일반적인 과제들을 환경정책에 적용하여 여성 환경정책 혹은 '젠더 통합된 환경정책'이 제시된 바 있다(김양희, 2004). 이를 통해 환경정책의 질적 향상, 성별 고정관념 및 차별 예방, 지속가능한 환경정책 실현, 새로운 비전과 철학적 시각 부여의 효과를 기대할 수 있다고 한다.

이러한 접근방식은 자연스럽게 물성적 기후변화 정책에 젠더적 관점의 투영을 바람직한 해법으로 제시한다. 국제적, 국가적, 지방적인 모든 수준에서, 기후변화 완화와 적응전략(식량안보, 농업과 어업, 생물다양성, 물, 건강, 인권, 평화와 안보 모든 면에서) 그리고 재정(지원과 투자)과 기술(지식활용과 교육) 메커니즘과 프로젝트들에서 우선시되어야 한다고 강조한다(UN Women Watch, 2009).

WIDWomen in Development**(1975~1985)**

- 발전의 과정에 여성 통합
- 주로 소외된 여성에 초점, 이들을 개발 과정에 통합
- 부가적 접근add-on

GADGender and Development**(1985~1995)**

- 젠더 관계의 사회적 구성방식에 초점
- 정책에 성인지 관점 통합 젠더 설계
- 통합적 접근integrative

GMGender Mainstreaming**(1995~)**

- 성주류화
- 모든 정책에 성평등 정의 적용
- 남녀의 충분한 참여, 재분배, 제도와 문화의 변화

그림 6-3 여성 발전 패러다임의 변화
출처 : 홍승아(2009).

그리고 젠더 통합 기후정책의 핵심으로 자주 거론되는 것이 녹색 거버넌스와 젠더 거버넌스의 통합이다. 여성이 남성과 구분되는 신체적·사회적 차이 그리고 생태적 감수성은 녹색 거버넌스에 여성의 참여가 반드시 필요하며 여성들이 주도해야 할 당위성을 제기한다는 것이다. 이를 통해 녹색 거버넌스의 틈새를 해결하고 녹색성장 정책의 효율성을 높일 수 있다는 주장으로 이어진다(이수연, 2009).

울리케 로어Ulrike Röhr(2009)는 젠더 통합 정책gendered climate policy의 원칙을 다음과 같이 보다 구체적으로 적시한다.

1) 기후변화 대응에서 성평등의 시급성 인식과 성주류화에 대한 우선적 지원을 통한 리더십 증명

2) 젠더적 관점에서 기후보호와 기후정의를 위한 지구적이고 효과적인 동맹을 형성하는 기후변화 관련 의사결정에 여성 참여 보장

3) 기후변화 관련 모든 기구에서 성주류화 보장

4) 성별 분리 자료gender disaggregated data 수집 및 발간

5) 기후변화 정책, 프로그램, 프로젝트, 예산에 대한 젠더 분석 수행

6) 기후보호에서 젠더 평등을 통합하기 위한 젠더 관련 측정 가능한 목표 수립 및 실행방식 개발·적용

7) UNFCCC에서 통용할 수 있는 국제적·국가적·지방적 측면에서의 성인지적 지표 개발

8) 성인지적 방식에서 원조, 능력 향상, 교육·훈련 설계와 설계 과정에 여성의 접근과 참여 제고

9) 젠더 분석의 중요성을 민감하게 받아들이도록 남성과 여성에게 젠더 훈련에 투자

10) 인간의 생존과 지속가능한 발전의 권리를 지지하는 적응과 완화 전략 보장

그림 6-4는 이러한 원칙을 실현하는 정책결정 단계를 나타낸다.

결과적으로 이러한 접근은 젠더 통합으로 효과적인 기후변화 정책 수립이 가능하고, 젠더 관점을 반영한 기후변화 정책은 젠더 주류화에 효과적이기 때문에, 이를 모델로 삼아 보다 적극적으로 의사결정 방식과 과정을 변경할 필요가 있다.

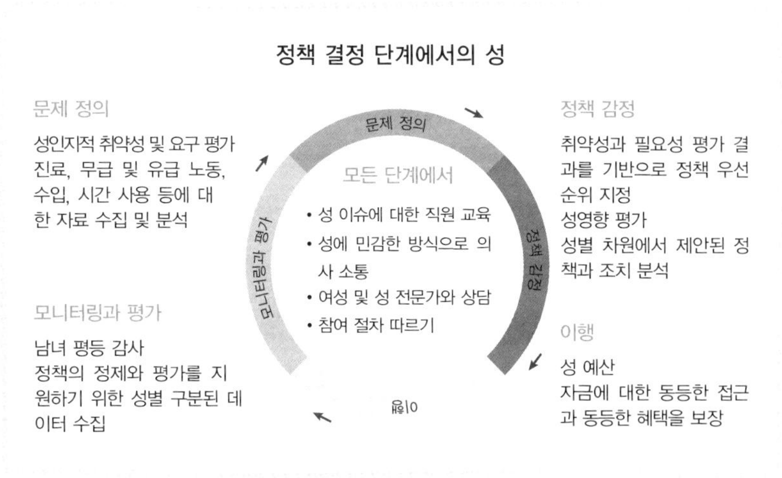
정책 결정 단계에서의 성
문제 정의
성인지적 취약성 및 요구 평가
진료, 무급 및 유급 노동, 수입, 시간 사용 등에 대한 자료 수집 및 분석
정책 감정
취약성과 필요성 평가 결과를 기반으로 정책 우선순위 지정
성영향 평가
성별 차원에서 제안된 정책과 조치 분석
모니터링과 평가
남녀 평등 감사
정책의 정제와 평가를 지원하기 위한 성별 구분된 데이터 수집
이행
성 예산
자금에 대한 동등한 접근과 동등한 혜택을 보장
문제 정의
정책 감정
이행
모니터링과 평가
모든 단계에서
• 성 이슈에 대한 직원 교육
• 성에 민감한 방식으로 의사 소통
• 여성 및 성 전문가와 상담
• 참여 절차 따르기

그림 6-4 젠더 통합적 정책결정 단계

출처 : Ulrike Röhr(2009).

정책 사례

여성친화도시

여성친화도시Women Friendly City란, 지역 정책과 발전 과정에 남녀가 동등하게 참여하고 그 혜택이 모든 주민들에게 고루 돌아가면서 여성의 성장과 안전이 구현되도록 하는 지역을 가리키는 것으로, 지역 여성정책의 새로운 모델로 평가되고 있다. 여성친화도시는 여성의 창의적이고 섬세한 에너지를 미래 지역 발전의 핵심자원으로 활용하며, 여성과 가족이 일상생활 속에서 도시의 쾌적성과 안전성을 실감할 수 있도록 보장해 주는 선진화된 도시정책이라고 할 수 있다.

여성친화도시는 여성만의 편의 증진에 국한하지 않는다. 여성친화도시는 약자에 대한 배려를 근본이념으로, 여성과 남성의 차이에 따른 불편을 개선하여 남녀 모두가 행복한 도시를 만들고자 하는 것이다. 즉, 성평등, 사회적 약자에 대한 세심한 배려, 다양성 존중, 지역민 사이의 긍정적 문화가 있는 도시로 '모두가 행복한 도시 조성'을 목적으로 하고 있는 것이다.

여성친화도시로 지정되면, 이후 각 지역별로 시민참여단, 컨설턴트, 지자체 담당자들 간의 적극적인 상호작용을 통해 지역의 특수적인 상황 등이 고려된 성공적인 사업개발을 목표로 하는 컨설팅이 이루어지며, 특히 여성친화도시는 박근혜 정부가 약속한 '더불어 함께하는 안전한 공동체'의 여성 정책적 이행 방안일 수 있음에 주목할 필요가 있다.

여성친화도시는 '여성이 살기 좋은 도시 건설을 위한 작은 세미나'에서 출발하여, 2006년 성별 영향평가가 전면적으로 실시되면서부터 본격적으로 논의되었다. 2006년 여성가족부 성별 영향평가 심층평가의 일환으로 김포신도시 건설 계획에 대한 성별 영향평가가 이루어지고, 대구혁신도시(2007), 행정중심복합도시(2008), 광교신도시(2008), 화성동탄신도시(2008)에 대한 여성친화적 관점의 연구가 진행되었고, 2009년 여성가족부는 여성친화도시 조성 기준을 마련하고, 지자체 공무원 교육을 실시하는 등 여성친화도시 확산을 위한 기반을 마련하기 시작하였다.

지자체별로는 서울시가 2007년부터 여성이 행복한 도시 만들기('여행♀幸 프로젝트')를 추진해 오고 있으며, 여성가족부는 2009년 익산시를 제1호로 지정한 이래 2014년 3월 현재 전국 50개 지방자치단체를 '여성친화도시'로 지정하여 지역 여성정책 발전을 모색하고 있다. 여성친화도시는 곧 여성, 아동, 노인을 포함 가족 모두가 행복한 도시를 가리키는 것으로, 동 사업에 대한 지방자치단체의 관심이 매우 높은 편으로

2009년 2개, 2010년 10개, 2011년 30개, 2012년 39개, 2013년 말에는 50개로 확대되어 미래도시의 핵심브랜드로 자리매김하고 있다.

여성친화도시는 그 개념에서 보듯이 원칙적으로 지방자치단체가 지역 수요에 따라 직접 계획하며 조성해 가는 것이 타당하다. 그러나 여성친화도시가 성인지적 관점에서 객관적 기준을 가지고 조성될 수 있도록 하기 위해, 여성가족부에서는 '여성친화도시 조성 기준'을 제시(2009)하여 지역별로 추진되더라도 일정 수준을 담보할 수 있도록 하고자 노력하고 있다. 향후 여성가족부는 각 지역의 여성친화도시가 성인지적 관점에서 종합적이고 체계적으로 추진될 수 있도록 여성친화도시 조성 매뉴얼을 개발하고 중점 추진 과제를 발굴하여 보급할 계획이며, 지자체 공무원의 여성친화적 정책 형성 능력 향상을 위하여 표준강의안을 개발하고, 교육 인원과 기간을 확대하여 실시할 계획을 갖고 있다.

여성친화도시 조성에 따른 기대효과는 다음과 같다. 첫째, 지역 주민의 삶의 질에 직접적으로 관련된 생활밀착형 여성정책 및 지역 발전정책을 추진할 수 있다. 둘째, 지역 주민들 사이의 긍정적 문화 형성을 통한 지역 공동체를 회복할 수 있다. 셋째, 지역 정책의 소프트파워 제고를 통한 지역 경쟁력을 강화시킨다. 넷째, 지역 이미지 제고와 장소 가치 증진 등의 효과를 기대할 수 있다.

성별 영향 분석평가

2002년 말 개정된 '여성발전기본법'을 토대로 삼았던 우리나라 성별 영향 분석평가 제도는 2011년 9월 '성별 영향 분석평가법' 제정으로 독립된 법적 근거를 마련하면서 전환기를 맞이하게 되었다.

성별 영향 분석평가법 제5조(분석평가 대상)는 "중앙행정기관 및 지방자치단체의 장은 제·개정을 추진하는 법령과 성평등에 중대한 영향을 미칠 수 있는 계획 및 사업(이하 '대상 정책'이라 한다)에 대하여 분석평가를 실시한다"고 명시하고 있다. 이에 따르면 성별 영향 분석평가 대상 정책 확대의 범위가 정부 사업 뿐 아니라 각 부처의 소관 법령과 중장기 계획을 포함하고 있으며 일반 사업까지도 포괄하고 있다. 또한 성별 영향 분석평가 수행기관이 정부기관에서 공공기관으로 확대되었다.

2012년 성별 영향 분석평가법이 시행되면서 나타난 변화는 사업에 대한 성별 영향 분석평가 제도가 계획과 법령을 포괄하도록 확대되었다는 것과 제도의 적용 대상이 중앙행정기관과 지방자치단체, 교육청뿐만 아니라 공공기관까지 확대되었다는 점이다. 성별 영향 분석평가 제도 시행 4년차를 맞이하는 지금은 제도의 실효성을 높이기 위한 실현 가능성 있는 최적의 정책 개선안을 도출하는 것이 매우 중요한 시점이다.

성별 영향 분석평가법 제정 이후 새롭게 정책 대상에 포함된 계획에 대한 성별 영향 분석평가 방법론 개발 등 추진 방안과 공공기관의 적용 방안을 마련함으로써 다음과 같은 기대효과를 가질 것이다.

첫째, 중장기 계획에 대한 성별 영향 분석평가 방법론 연구를 통해서 성별 영향 분석평가 수행기관이 제출한 분석 보고서의 질적 수준을 높일 수 있을 것이다.

둘째, 중장기 계획에 대한 성별 영향 분석평가 제도 운영을 지원하고 실효성 있는 성인지 정책을 위한 분석 가이드를 마련하는 데 기초자료로 활용될 것이다.

셋째, 성별 영향 분석평가 제도를 공공기관에 적용할 수 있는 방안을 마련함으로써 정부 사업의 성평등성을 제고하고 성별 영향 분석평가 제도를 확산시키는 데 기여할 것이다.

넷째, 성별 영향 분석평가법 제정에 따라 확대된 정책 대상에 관한 정책 사례 연구를 통해서 일반 국민에게 이 제도의 운영 성과를 널리 알리고 제도에 대한 홍보자료로 활용될 수 있을 것으로 기대된다.

또한 성별 영향 분석평가법 제정 이후 성별 영향 분석평가 대상 정책이 법령 계획, 사업으로 확대되면서 이를 수행하는 공무원과 컨설턴트가 활용할 수 있는 정책 대상별(법령, 계획, 사업), 주요 분야별 정책 개선 가이드 개발이 요구되고 있다. 여기서 주요 분야란 정책의 내용을 과학기술, 교육, 농림해양수산, 보건 등 정부 기능 분류체계에 따라서 구분하는 것을 의미한다.

성별 영향 분석평가를 실행하기 위하여 중장기 계획은 소관 부처 및 협조 부처가 수행하는 다양한 사업을 포함하고 있다. 또한 연속 계획의 경우 선행 계획에 대한 사후 평가를 통해 분석 결과를 후행 계획에 반영할 수 있도록 하였다. 이러한 성별 영향 분석평가가 계속되기 위하여는 그 결과가 정책에 미칠 파급효과가 크다는 점이 더욱 부각되고 있다.

이와 더불어 공공기관에 대한 성별 영향 분석평가는 역시, 평등한 사업의 저변 확대를 위해 분석평가 대상을 확대하고자 하는 정부의 지속적인 의지와 최근 들어 공공기관에 대해 경제적 역할을 넘어 사회적 책임성을 강조하는 분위기가 맞물려 그 중요성이 점차 부각되고 있다.

여성친화기업

여성친화기업은 경영자가 여성 인재의 중요성을 인식하고 근로자의 일·가정 양립을 위한 제도적·문화적 환경을 구축하는 기업을 일컫는다.

여성친화 일촌 협약이란 여성가족부·고용노동부가 지원하는 여성새로일하기센터에서 진행하고 있는 사업이다. 근로자인 여성들의 편의를 위한 시설인 휴게실, 운동시설, 어린이집 등을 갖추어 여성의 근로를 지원하고 협력할 수 있게 하는 프로젝트이다. 이 여성새로일하기센터는 여성의 노동 기회를 늘려주고, 여성들이 자신의 잠재력을 마음껏 펼칠 수 있도록 여성 인력의 고용을 늘리고, 현장 경험을 통해 자신감을 가지고 취업할 수 있도록 지원하며, 여성 근로자가 일하기 좋은 여성친화 일터를 만들기 위한 것이다.

그러므로 여성친화적 문화 조성을 위한 노력과 여성 인력을 적극 채용하고 기업의 핵심인재로 양성할 수 있도록 적극 지원하는 것이 중요하다. 또한 모성보호와 일, 가정의 양립이 가능하도록 관련 제도를 도입하며 적극 실시하고 채용, 승진, 임금 등에서 차별을 해소하여 고용에 있어 양성평등을 실현하는 데 노력해야 할 것이다. 이 여성새로일하기센터는 다른 기업들에서도 많이 실시하고 있다. 센터도 전국 각지의 100여 개의 지점에 설치되어 있어 이용이 편리하도록 하였다. 이와 같이 우리나라의 기업들에서는 환경과 여성을 고려한 기업들이 늘어나고 있다. 우리는 이 기업들에 대해 생각해 보고, 진정한 환경과 여성을 위한 것인지, 그리고 앞으로는 어떻게 운영해 나가는 것이 올바른 것인지 생각해 봐야 할 것이다.

여성창조기업

여성창조기업은 여성대표가 있는 창조기업을 의미한다. 2012년 우리나라에서 창조산업에 속하는 창조기업 숫자는 6만 3,000여 개사로서, 총 340만 7,000여 개 기업 중 1.8%에 지나지 않는다. 이는 서구 국가들에 비해 현저히 낮은 비중이며 창조기업 중 여성이 대표자로 있는 기업은 1만 516개사로서 전체 창조기업 중 16.8%에 그쳐 전체 기업의 여성대표자 비율 38.6%에 비해 창조산업 분야에서 여성대표자 기업의 비중이 현저히 낮은 것으로 나타났다.

'창조경제' 담론은 금융위기 이전부터 창의성과 혁신에 입각한 동태적이고 지속가능한 성장을 추구하는 서구 학자들을 중심으로 제기돼 왔으나, 경제위기 이후 본격적으로 선진국의 지속가능 성장과 개도국의 빈곤 퇴치 및 경제적 '도약'을 위한 글로벌 발전 의제Global Development Agenda로 자리잡게 되었다. 창조산업을 정의하는 방식은 국가마다, 학자마다, 혹은 당면한 정책 과제에 따라 다양하지만 크게는 유엔, WIPO세계지적재산권기구 등 국제기구에 의한 정의와 DCMSThe Department for Culture, Media and Sport를 중심으로 한 영국의 창조산업 육성 정책에 따른 정의를 각국의 실정 또는 연구 목적에 맞게 약간씩 수정하여 사용하고 있다. 창조기업의 핵심역량이라고 할 수 있는 혁신활동 및 창조활동 역량도 기업의 특성에 따라 다양한 편차를 보이고 있다. 특히 여성기업이 남성기업에 비해, 신생기업이 중견기업에 비해, 자금조달이나 기술개발 등의 영역에서 크게 불리한 위치에 있을 수 있다.

그리고 창조기업의 여성 대표자들은 경력 단절 여성으로서 자신의 전문 분야를 바탕으로 우연한 기회에 창업을 하게 된 경우가 많았으며 여성대표자에 대한 성性에 기반한 불편한 시각을 애로사항으로 꼽은 경우가 많았다. 특히 여성이 사업하기 힘든 사회문화 속에서 전반적으로 창업이나 사업을 운영하는 여성대표자가 겪는 어려움은 남성들과 달리 조직 경험이 적어 인력을 활용하는 방안이 서툴며 사업에 대한 체계적 경영 교육과 전문적 지식이 부족하다는 점이 지목되었다.

남성 중심의 문화에서 사업하는 방식은 비공식적 관계망을 통해 정보가 공유되고 있기에 상대적으로 정보가 소외된 여성은 공개된 절차에 따라 사업을 진행하는 방식을 택할 수밖에 없다. 이것이 한편으로는 장점으로도 작용하지만 여성기업인을 지원해 주는 네트워킹과 조직의 필요성은 요구되는 것으로 판단되며 사업 경영을 하면서 부딪히는 어려움의 문제는 여성기업가로서의 정직성, 투명성, 규모의 경제와 안정성의 추구, 신뢰 회복을 위한 개인적 노력 등으로 해결하고자 하는 측면이 강했다.

에필로그

기후변화는 21세기에 전 인류가 직면한 가장 커다란 이슈이며, 위험요인이다. 기후변화로 발생하는 현상들은 한 사회 내에서도 사회적 불평등을 심화시키고 정의롭지 않은 상황들을 만들어내기도 한다. 세계 인구의 절반을 차지하면서도 온갖 사회적·경제적 불평등에 시달리고 있는 여성들은 기후변화로 인해 심각한 변화를 겪게 될 수 있다.

이와 같이 기후변화로 인한 여성의 피해 완화와 적응 등의 역량 강화를 위하여 성인지적 관점에서의 대책 및 전략의 수립이 필요하다. 그러나 대책과 전략 마련을 위해서 무엇보다도 선행되어야 할 것은 교육이다. 교육은 기후변화 이해를 도모하고, 부정적 영향에 대한 인식과 지식을 바탕으로, 피해를 최소화하고 적응하도록 하는 것이 필수적 요소이다. 다시 말하면, 기후변화가 여성에게 미치는 영향과 이를 해결하기 위한 여성 역할이 무엇인가를 강구하는 것이 여성이 기후변화로부터 피해를 덜 받을 수 있는 길이다.

이러한 배경하에 이 연구의 진행 과정에서 필자가 재직하고 있는 대학교에서 '여성과 환경'이라는 강의를 모든 대학생을 대상으로 하여 교양강좌로 개설하였다. 이 강의는 21세기를 위협하고 있는 기후변화를 이해하고, 기후변화가 여성에게 미치는 영향과 이에 따른 여성의 역할을 탐구하는 것을 목적으로 하였다.

이 강좌는 기후변화와 여성을 연계한, 우리나라 최초로 개설한 교양과목으로서, 인문사회계열, 예술계열, 자연과학계열 등 다양한 전공을 배경으로 한 학생들이 수강하였으며, 이 중 남학생 수강 비율도 30%를 웃돌았다.

여성은 무엇인가, 기후변화는 무엇인가에 대한 질문에 대답이 시원찮았던 수강생들은 이 강의가 끝날 즈음에 기후변화가 왜 여성에게 보다 더 영향을 미치는지를 알게 되고, 여성들 스스로 기후변화 대응을 위한 역할을 찾으려고 노력하겠다는 의지를 나타내었을 뿐만 아니라, 남학생들은 여성을 위한 남성의 역할을 찾아보는 모습도 보여주었다.

이러한 학생들의 생각과 행동에서 나타나는 변화들은 필자가 진행한 강의에서 '교육이 세상을 바꿀 수 있다는 가능성'과 여성과 남성이 자신의 역량을 발휘하는 지속가능한 사회에 대한 희망을 느끼게 해준 소중한 경험이 되었다.

무엇보다도 여성이 현시대와 미래사회가 요구하는 역량을 갖추도록 하기 위하여는 지속가능발전의 철학을 바탕으로 하여 적절한 정책이 수립되어야 하고, 성인 여성을 대상으로 하는 평생교육의 활성화를 위한 정책적 뒷받침이 우선시되어야 할 것이다. 이러한 노력들이 인류에게 던져진 '21세기 기후변화 문제를 어떻게 풀어나가야 할 것인가?'라는 과제를 해결하기 위한 중요한 토대가 될 것이다.

참고문헌

강철구, 전소영(2016). 신기후체제와 환경경영, 우리의 현 주소는? 이슈 & 진단, No. 235.

광주광역시(2014). 광주사회조사통계.

국가법령정보센터(20017). http://www.law.go.kr/main.html

국립환경과학원(2009). GH7G-CAPSS 신뢰도 향상을 위한 개선 방안 연구.

국립환경과학원(2010). 온실가스 및 대기오염물질 배출량 산정시스템 고도화.

국회입법조사처(2017). http://www.nars.go.kr/

권주연(2009). 기후변화 교육 목표 및 내용 체계 개발. 한국교원대학교 석사학위 논문.

권경희(2000). 에코페미니즘의 역할과 한계성 : 동북아 국제 환경 이슈와 여성 환경운동을 중심으로. 한국동북아논총, 16, 189-205.

권원태(2005). 기후변화의 과학적 현황과 전망. Asia-Pacific Journal of Atmospheric Sciences, 41(2-1), 325-336.

권원태(2012). 제31장 기후변화 시나리오와 농업적 활용. 한국농촌경제연구원 기타연구보고서, 997-1026.

기상청(2015). 기후변화 2014 종합보고서 : 정책결정자를 위한 요약보고서.

김길환(2016). 파리 협정 채택과 우리나라의 대응방향. 과학기술정책, 26(2), 22-27.

김병도, 강신구, 유성태, 신현탁, 박기환, 이명훈, 윤정원, 김기송, 성정원(2012). 가야산국립공원 식물종의 생물계절성 연구. 기후연구, 7(2), 174

-186.

김선미, 남영숙(2016). 2015 개정 교육과정에서 제시된 기후변화 교육내용 연구. 한국환경교육학회 학술대회 자료집, 233-237.

김소연(2004). 합리적 진로의사결정 프로그램이 상업계 여고생의 진로준비 행동과 진로 의사결정. 한국교원대학교 교육대학원 석사학위 논문.

김양은(2005). 미디어 교육의 개념 변화에 대한 고찰. 한국언론정보학보, 77 -110.

김양희, 김이선(1993). 환경과 여성의 역할. 한국여성정책연구원 연구보고서.

김양희(2004). 여성정책네트워크에 관한 연구 : 해외 사례 및 국내 도입을 위한 제언. 한국여성정책연구원 연구보고서.

김찬국, 최돈형(2010). 우리나라 기후변화 교육의 방향에 관한 고찰. 환경교육, 23(1), 1-12.

김희경(2011). '에코맘'의 삶과 형성 과정에 관한 질적 연구. 서울대학교 박사학위 논문.

김희경, 윤순진(2011). '에코맘'의 삶과 의미에 관한 질적 사례 연구. 교육인류학 연구, 2(3), 179-207.

남상준(1999). 환경교육의 원리와 실제, 원미사.

남영숙(1997). 여성과 환경. 한국논단, 95, 185-189.

남영숙(2002). 여성 환경운동의 지역 사례 분석. 한국의 여성 환경운동, 문순홍 편역. 서울 : 아르케.

남영숙(2008). 기후 위기관리 가이드라인 개발을 위한 기초연구. 한국환경교육학회 학술대회 자료집, 100-104.

남영숙(2013). 지속가능발전교육으로서의 기후변화 교육. 미래이공학술지, 창간호.

남영숙(2014a). 기후 위기관리를 위한 여성의 역할 강구. 양성평등교육연구,

제4호.

남영숙(2014b). 기후변화·에너지 법제 개선방안 : 교육 분야. 국회기후변화포럼 정책연구.

노성종, 이완수(2013) '지구온난화' 대 '기후변화' : 환경커뮤니케이션 어휘 선택의 프레이밍 효과. 커뮤니케이션 이론, 9(1), 163-198.

노혜진(2012). 가족 안에서 여성은 어떻게 빈곤을 경험하는가? : 빈곤가구 내 성별 불평등. 한국사회복지질적연구, Vol. 6(2) : 67-101.

레오짱, 베스트트랜스(2011). 스티브 잡스의 세상을 바꾼 명연설. 스티브 잡스처럼 말하고 스티브 잡스처럼 세상을 사로잡아라. 미르에듀.

마리아 미즈·반다나 시바(2000). 에코페미니즘. 손덕수·이난아 옮김. 서울 : 창작과 비평사.

명수정(2011). 기후변화에 대응하는 국제사회 노력. 젠더리뷰 2011, 가을호.

박선영, 남영숙(2013). 우리나라 초등학교 기후변화 교육에 대한 연구 실태 분석. 환경교육, 26(3).

박선영, 남영숙(2014). 초등학교 5,6학년 사회 및 과학교과서의 기후변화 교육 내용 분석. 환경교육, 27권 4호.

박정임, 한화진, 김용건, 문난경, 여준호, 김호, 하종식, 김명현(2005). 기후변화가 건강에 미치는 영향 및 적응대책 마련. 한국환경정책평가연구원.

박종근, 정철, 손미희, 육혜경(2010). 중등학생들의 기후소양 함양을 위한 교수 자료 개발 및 현장 적용에 관한 연구, 학교교육연구, 5(2), 221-237.

박창욱(2013). 독일 메르켈 총리 3선 비결. 관훈저널, (129), 166-172.

박하나, 남영숙(2005). 학교 환경교육을 활성화시키기 위한 학교 의제 21 개발 연구. 환경교육, 18(2), 23-30.

박헌렬(2002). 지구촌의 환경과 인간. 우용출판사.

배정환, 김미정, 정해영(2017). 탄소은행제의 가정용 전력수요 절감 효과 분석. 에너지경제연구, 16(1), 95-118.

법제연구원(2013). 기후변화와 녹색성장 - 법제의 성과와 전망. I, II, III.

사득환(2013). 선진국의 기후변화 대응정책과 정책적 함의. 한국 행정과 정책 연구, 11(2), 41-62.

서울특별시(2010). 통계로 보는 서울시민의 녹색생활.

서울특별시(2015). 서울통계.

서형호(2003). Correlation between Climatic Elements and Fruit Qualities of 'Fuji' and 'Tsugaru' Apples in Korea. 원예과학 기술지, 21, 122p.

식품의약품안전청 식품의약품안전평가원(2012). 기후변화와 식품안전에 대한 소비자 인식도 설문조사.

신호성 외 9명(2010). 사회보건 분야 기후변화 취약성 평가 및 적응 역량 강화 : 기후변화 녹색성장 종합연구. 한국보건사회연구원.

이양수, 이정택, 신용광, 김건엽, 심교문(2005). 기후변화 문제와 과수 분야 대응 방안. 한국원예학회 학술발표요지, 33.

에너지경제연구원(2009). 기후변화 협약 대응 국가 온실가스-IPCC 신규 가이드라인 적용을 위한 기획 연구.

에너지관리공단(2007). 선진국의 에너지 절약 정책과 사례.

염광희(2011). 독일의 핵폐기 결정, 그 배경과 영향. 황해문화, 72, 79-103.

온실가스종합정보센터(2016). 2016 국가 온실가스 인벤토리 보고서.

우정애(2011). 중학교 과학과 기후변화 교육 프로그램 개발과 적용. 한국교원대학교 대학원 박사학위 논문.

우정애, 남영숙(2012a). 기후변화 교육 방안 개발 : 중학교 교육과정에서 적용 가능한 방안을 중심으로. 환경교육, 25(1). 117-133.

우정애, 남영숙(2012b). 중학교 과학과 기후변화 교육 프로그램 개발과 적용. 한국과학교육학회. 32(5), 938-953.

유네스코한국위원회(2007). 지속가능한 미래를 위한 교육.

유상희, 임동순(2008). EU의 기후변화 협약 대응 정책 평가 및 시사점. 유럽
연구, 26(1), 251-277.

윤순진(2010). 지속가능한 소비를 위한 국제 기후변화 대응 방안 : 생산 중
심적 배출 통계의 교정을 중심으로. 정책학회, 19(2), 183-215.

이경숙, 김훈순(2010). 소비 주체로서 젠더 이미지와 사회문화적 함의 : '남
녀탐구생활'을 중심으로. 언론과학연구, 10(2), 362-399.

이광일(2010). 방글라데시, 기후변화 대응과 시사점. KOTRA.

이기춘(1995). 소비자학의 이해. 학현사.

이명균(2008). 인문생태와 산업의 관점에서 본 기후변화의 영향. 한국학논
집, 36, 91-138.

이상화(2011). 여성과 환경에 대한 여성주의 지식 생산에 있어 서구 에코페
미니즘의 적용 가능성. 한국여성철학, 16, 109-140.

이선경, 이재영, 이순철, 이유진, 민경석, 심숙경, 김남수, 하경환(2005). 우
리나라 지속가능발전교육의 현황과 활성화 방안. 한국환경교육학회 학술
대회 자료집, 11-23.

이선경, 이재영, 이순철, 이유진, 민경석, 심숙경, 김남수, 하경환(2006). 지
속가능발전 및 지속가능발전교육에 대한 대학생과 교사들의 인식. 환경
교육, 19(1), 1-13.

이수연, 이미영, 류리(2003). 환경정책의 성 분석 및 성 관점 통합 방안. 한
국여성개발원.

이수철(2010). 일본의 기후변화 정책과 배출권거래제도 : 특징과 시사점. 환
경정책연구, 9(4), 77-102.

이승준, 안병옥(2016). 신기후체제의 기후변화 적응 및 손실과 피해에 관한
대응 방안. 한국환경정책평가 연구원.

이승호, 허인혜, 이경미, 김선영, 이윤선, 권원태(2008). 기후변화가 농업생태에 미치는 영향. 대한지리학회지, 43(1), 20-35.

이유진(2010). 석유시대를 대비하는 농촌형 에너지 자립마을. 국토, 28-35.

이유진(2011). 기후변화가 여성에게 미치는 영향과 여성의 역할. 젠더리뷰 2011, 가을호.

이정용(2011). 기후변화에 대응하는 한국 정부의 역할과 노력. 젠더리뷰 2011, 가을호.

이정전(1996). [자료①] 환경가치 추정의 의의와 한계. 환경과 생명, 184-197.

이정택(2003). 국제기구OECD, UNESCO와의 공동연구(2003) : 정보통신기술 인력의 능력개발과 인력 교류 활성화. 한국직업능력개발원 연구보고서.

이정필(2010). 기후변화와 젠더. 에너진 포커스, 17, 1-22.

이정필, 박진희(2010). 젠더 정의 관점에서 본 기후변화 대응 정책. 한국환경사회학회 추계학술대회.

이진아(1996). '여성과 환경' 문제의 시각과 운동 동향. 여성과 사회, 7, 21-34.

이하늘(2011). 한국과 중국 대도시 여성 소비자의 녹색소비행동 비교연구. 이화여자대학교 대학원 석사학위 논문.

이현숙(2011). 국ㆍ내외 기후변화 대응형 도시정책 및 제도의 비교 분석을 통한 발전 방향. 한밭대학교 대학원 석사학위 논문.

임기추(2008). 에너지 절약 정보 유형의 가정 부문 에너지 소비 영향 분석. 에너지경제연구원.

임애정(2009). 사회적 약자로서의 여성의 삶과 법, 여성학연구, 19(1).

장성춘 외 4명(2009). 일본의 저탄소 사회 전략에 관한 연구. 대외정책연구, 127-139.

장재연, 백명수, 유의선, 안병옥(2003). 환경기술 혁신을 위한 전략 및 시스템에 대한 연구. 정책자료, 1-190.

장호창, 지승현, 남영숙(2008). 기후변화 문제 통섭적 접근을 위한 이론적 고찰. 한국환경교육학회 상반기 학술대회 발표논문집. 96~99.

전의찬 외 24인(2012). 기후변화. 25인의 전문가가 답하다. 지오북.

정미숙(2005). 독일의 지속가능발전교육 프로젝트 'BLK Program 21' 조사 및 분석 연구. 한국교원대학교 교육대학원 석사학위 논문.

정현희(2006). 초등학생 환경 소양 측정도구 개발. 경인교육대학교 교육대학원 석사학위 논문.

정회성, 정회석(2013). 기후변화의 이해. 환경과 문명.

조기호(2011). 이사주당의 기후변화 형질 연구. 한국여성철학, 15, 29-66.

조성화 , 안재정, 이성희, 최돈형(2015). 교육과 지속가능발전의 만남(교사를 위한 지속가능발전교육).

조용개(2001). 생태 중심 생명가치관 확립을 위한 환경윤리 교육의 모형 개발에 관한 연구. 환경교육, 14(1), 1-18.

조용성(2001). 우리나라의 기후변화 협약 대응에 대한 시민 및 전문가 인식 분석. 환경정책, 9(2), 29-58.

조주은 · 김선화(2017). 헌법 개정의 방향 : 성평등 관점을 중심으로. 국회 입법 조사처.

지속가능발전포털(2017). SDGs 목표. http://ncsd.go.kr

지승현, 남영숙(2007). 21세기 지식 기반 사회에서의 지속가능발전교육 방향 탐색. 환경교육, 20(1), 62-72.

지승현, 남영숙(2014). 지속가능발전교육에서의 리터러시 의미 고찰. 교육 과정 및 수업연구지. 제14권 2호. 14-23.

진옥화, 최돈형(2005). 환경 소양 개념의 변천과 환경 소양 측정 연구. 환경 교육, 18(2), 31-43.

천현정, 정순희, 신민경(2010). 기후변화 관련 소비자 지식 · 의식 · 행동 수

준이 기후변화 대응 행동에 미치는 영향. 소비자정책교육연구, 6(3), 1-
24.

최남숙(1994). 서울시 주부들의 생활양식과 환경보전 행동에 관한 연구. 환
경교육, 7, 18-29.

최돈형, 김찬국(2008). 우리나라 기후변화 교육의 현재와 방향에 대한 고찰.
한국환경교육학회 학술대회 자료집, 32-36.

최봉기(2001). 21세기 환경 변화와 여성의 역할의 방향.

최윤식(2015). 세바시 622회 '에너지와 미래사회 변화 : New Wealth' 강연
자료.

최윤태, 남영숙(2016). 기후변화 대응 방안에 관한 교과서 분석 연구. 한국
환경교육학회 학술대회 자료집, 92-95.

최재천(2005). 당신의 인생을 이모작하라 : 생물학자가 진단하는 2020년 초
고령 사회. 삼성경제연구소.

최재천, 최용상(2011). 기후변화 교과서. 기후변화와 한반도 생태계의 현황
과 전망. 환경재단 도요새.

통계청(2010). 한국의 사회지표.

통계청(2015). 2015년 사회조사.

하지원(2012). 기후변화 대응을 위한 에코라이프 행동 결정요인 분석. 세종
대학교 대학원 박사학위 논문.

한국여성개발원(1993). 환경과 여성의 역할.

한재각(2009). 지속가능한 교통 전환과 그린카 개발. 한국과학기술학회 학
술대회, 73-103.

한화진, 배덕효, 정일원(2007). 기후변화가 한강수계에 미치는 영향과 대응
방안. 경기논단, 9(4), 95-115.

홍승아(2009). 녹색성장과 젠더. 젠더리뷰, 13, 4-11.

환경부(2004). 지속가능하고 성인지적인 환경 거버넌스의 기반 조성 연구. 한국여성개발원.

환경부(2008). 기후변화 국민 인식.

환경부(2009). 초등학교 교사를 위한 지속가능발전교육 참고교재 개발.

환경부(2011). 기후변화와 여성의 역할 : 소비유형 분석을 통한 가치기준 변화와 실천 행동의 제시.

환경부(2015). 기후변화 대비, 범정부 국가 적응 대책 마련 보도자료.

환경재단(2017). http://www.greenfund.org

AGCI(2003). http://www.agci.org

Anderson, W. T., & Cunningham, W. H(1972). The socially conscious consumer. Journal of Marketing, 36(3), 23-31. Retrieved March 14, 2009 from EBSCO Host database.

Antil, J.H(1984). Conceptualization and operationalization of involvement. In: Kinnear, T.C. (Ed.), Advances in Consumer Research 11, Provo UT: Association for Consumer Research, pp. 203-209.

Beckmann, S. "Women as Consumers," in Brobeck et al. (eds.), The Encyclopedia of the Consumers Movement. Santa Babara.

Costa, J.(1994). Gender Issues and Consumer Behaviour. Sage: London.

DARA Internacional(2012). A Guide to the Cold Calculus of a Hot Planet.

ECOSOC(1998). https://www.un.org/ecosoc/en/.

Environmental Protection Agency(2012). Climate change: Basic information. Available online at http://www.epa.gov/climatechange/basicinfo.html.

Fiala, N(2008). "Measuring sustainability: Why the ecological footprint is bad economics and bad environmental science," Ecological Economics, Vol. 67: 519-525.

Gender CC(2016). http://www.gendercc.net/

Global Footprint Network(2010). http://www.footprintnetwork.org/

Haigh C. and Vallely B.(2010).Gender and the Climate Change Agenda. The impacts of climate change on women and public policy .Women's Environmental Network.

Harry Dent(2015). The Demographic Cliff. [권성희 역(2015), 2018 인구절벽이 온다, 청림출판사]

Haughton G.(1999). Environmental Justice and the Sustainable City. Journal of Planning Education and Research 18: 233-243.

Hemmti, M(2000). "Gender-Specific Patterns of Poverty and (Over-) Consumption in Developing and Developed Countries," in E. Jochem at al. (eds.), Society, Behavior, and Climate Change Mitigation. Springer: 169-189.

Hemmati, Minu, and Ulrike Röhr.(2009). "Engendering the Climate-Change Negotiations: Experiences, Challenges, and Steps Forward." Gender and Development 17 (1): 19-32.

IEA(2015), Energy and Climate change.

IPCC(1996). Guidelines for National Greenhouse Inventories.

IPCC(1996). Revised 1996 IPCC Guidelines for National Greenhouse Gas inventories.

IPCC(2006). 2006 IPCC Guidelines for National Greenhouse Gas inventories.

IPCC(2007). "Climate Change 2007: Synthesis Report (Summary for policymakers)," http://www.ipcc.ch/pdf/assessment-report/ar4/syr/ ar4_syr_spm.pdf

Khamis, M., Plush, T., & Zelaya, C. S.(2009). Women's rights in climate change: using video as a tool for empowerment in Nepal. Gender and development, 17(1), 125-135.

Kitzes, H and Wackernagel, M.(2008). "Answers to Common Questions in Ecological Footprint Accounting," ECOIND, Vol. 420: 6-15

Konai H. Thaman(2002) "Shifting sights: The cultural challenge of sustainability ", International Journal of Sustainability in Higher. Education, Vol. 3 Issue: 3, p.233-242

Mies. M., Shiva. V.(1993). Ecofeminism. [손덕수, 이난하 역(2000), 에코페미니즘, 창작과 비평사]

Mawle, A. 1996. "Why Chlorine in Tampons Matters," in Kranendonk et al. (eds.), Initiatives for a Healthy Planet. Wuppertal Institute, Germany.

Moser, S. and L. Dilling (2004). Making climate hot: Communicating the urgency and challengeof global climate change. Environment, 46, 10, 32-46.

Mohan Munasinghe and Rob Swart(2005). Primer on Climate Change and Sustainable Development: Facts, Policy Analysis and Applications, Cambridge University Press, Cambridge.

NAAEE, 1998, Environmental Education Materials: Guidelines for Excellence.

Neumayer, Eric and Plümper, Thomas (2007). The gendered nature of natural disasters: the impact of catastrophic events on the gender gap in life expectancy, 1981-2002. Annals of the Association of American Geographers, 97 (3). pp. 551-566.

NWF(2009). Guidelines for K-12 Global Climate Change Education, National Wildlife Federation.

OECD(2011). Fostering Innovation for Green Growth. [녹색성장을 위한

OECD의 혁신정책 사례]]

OECD(2016). OECD Environmental Performance Reviews FRANCE 2016.

Röhr, U. (2009). Gender and Climate Change Activities. COP 15 Report. Copenhagen.

Schwab, K(2016). The Fourth Industrial Revolution.

Sustainable Development Knowledge Platform(2017) https:// sustainabledevelopment.un.org/sdgs

Thaman, K. H.(2002). "Shifting sights: The cultural challenge of sustainability", International Journal of Sustainability in Higher Education, Vol.3 Issue: 3, pp.233-242.

Tol, R.S.J(2013). Climate Change: The Economic Impact of Climate Change in the Twentieth and Twenty−First Centuries. in: How much have global problem cost the world? Edt. by Lomborg, B.

UNEP(2004). Woman and the Environment. UNEP Press.

UNFCCC(1992). United Nations Framework Convention on Climate Change. FCCC/INFORMAL/84.

UNFCCC(1997). Adoption of the Kyoto Protocol to the United Nations Framework Convention on Climate Change. FCCC/CP/1997/7/Add.1.

UNFCCC(1998). Kyoto Protocol to the United Nations Framework Convention on Climate Change. UN.

UNFCCC(2007a). Investment and financial flows to address climate change. UNFCCC Technical Background Paper.

UNFCCC(2007b). Report on the analysis of existing and potential investment and financial flows relevant to the development of an effective and appropriate international response to climate change. UNFCCC Dialogue

Paper 8.

UNFCCC(2008). Investment and financial flows to address climate change: an update. 57. UNFCCC Technical Paper.

UNFCCC(2010). Guidance to the Global Environment Facility. Available at http://unfccc.int (accessed October 28, 2010).

Wade, R., Parker, J.(2008). EFA-ESD Dialogue: Educating for sustainable world. UNESCO.

World Commission on Environment Development(2005). Sustainable Development.

WEDO(1999). A Gender Agenda for the World Trade Organization.

Women's Environment Network(2010). Gender and the climate change agenda. The impacts of climate change on women and the public policy.

Wells, T. and F Sim.(1987). "Till They Have Faces," Women as Consumers. International Organization of Consumers Unions. Regional Office for Asia and Pacific Region.

WomenWatch(2009). http://www.un.org/womenwatch/about/

Worster, D.(1994). Nature's economy : a history of ecological ideas. [강현, 문순홍 역(2002), 생태학, 그 열림과 닫힘의 역사. 아카넷].

World-Wide Fund for Nature[WWF](2008). The Ecological Footprint.

찾아보기

지은이

남영숙

베를린 공과대학교 환경계획학과를 졸업하고, 동 대학원에서 석·박
사학위를 취득하였다. 독일연방경제협력청의 연구비 지원으로 '우리
나라 산업화 과정에서의 자연관 변화에 대한 고찰'로 석사학위를 받았
으며, Daimler and Karl Benz 재단의 장학금을 받고 '댐 건설과 환경영
향평가'로 박사학위를 취득하였다.

주된 연구영역은 지속가능발전정책, 환경정책 및 평가, 환경교육 및
지속가능발전교육 등이다. 한국환경정책·평가연구원의 책임연구원
을 거쳐 현재 한국교원대학교 교수로 재직 중이다.

환경영향평가, 우리나라와 독일의 전략환경영향평가 비교연구, 환경과학
등의 저서가 있고, 기후변화교육 및 환경교육, 환경정책평가 관련 다수
의 학술논문을 발표하였다.